温泉の秘密

温泉の秘密

飯島裕一

海鳴社

温泉の秘密◇目次

口絵１　**動物発見伝説がある温泉**（イラスト＝春原信幸）

口絵２　**山の秘湯**　小雨に煙る幽谷を見上げながら入浴した姥湯温泉（山形県米沢市）は、pＨ 2.6 の単純酸性硫黄泉だった。1533 年の発見と伝えられる古い歴史が流れる

口絵３　**川原の湯**　大塔（おおとう）川の川底から、高温の湯が湧く川湯温泉（和歌山県田辺市）。雨が少ない冬季には川をせき止めて、広大な「仙人風呂」が造られる

口絵４　**海を臨む**　太平洋に突き出した南紀白浜温泉の共同浴場「崎の湯」（和歌山県白浜町）。「万葉集」や「日本書紀」に登場する古湯だ

口絵５　**漂う霊気**　姥子の湯「秀明館」（神奈川県箱根町）にある岩盤自然湧出の湯つぼ。しめ縄が張られ、霊場の雰囲気が漂っていた

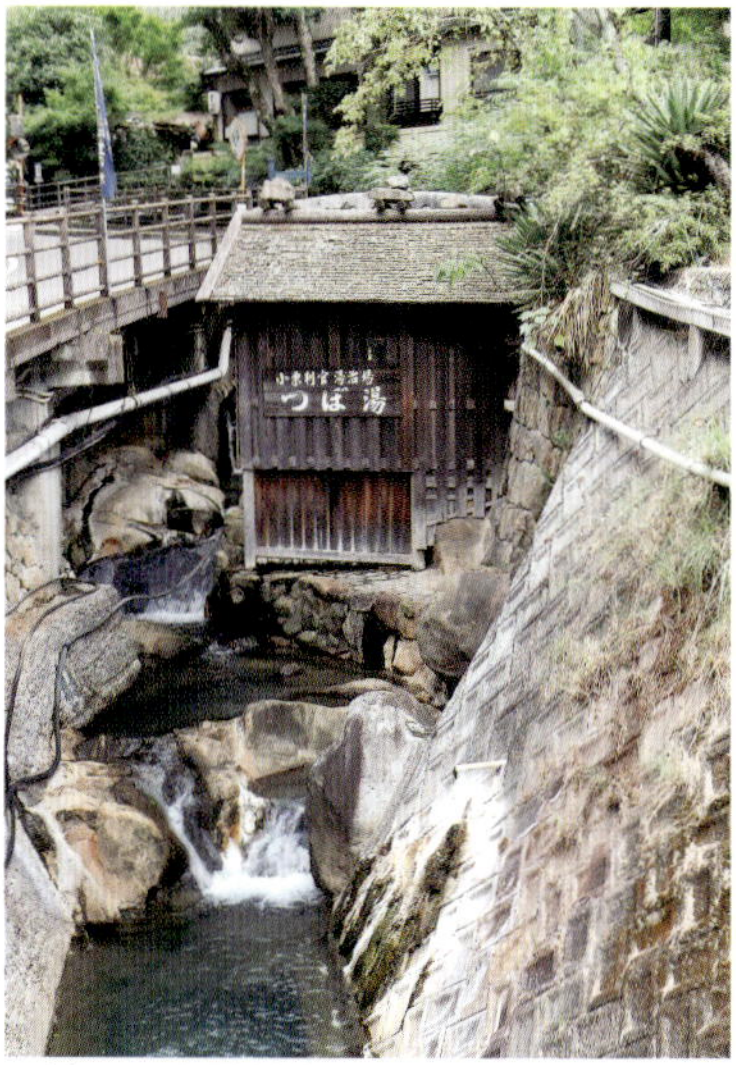

口絵７　**小栗判官再生の湯**　湯の峰温泉（和歌山県田辺市）は、古くから熊野詣の湯ごり場として知られたが、「つぼ湯」は中世の説教節の一つ〝小栗判官物語〟の舞台だ

口絵６　**神秘の空間**　南紀勝浦温泉「ホテル浦島」の玄武洞（（和歌山県那智勝浦町）は、自然がつくり出した神秘的な空間。出口（写真の奥）には、太平洋が広がる

口絵８　**〝鹿鳴館調〟**　法師温泉「長寿館」（群馬県みなかみ町）の「法師乃湯」は、明治28（1895）年完成の和洋折衷の建物だ

口絵10　**信玄の隠し湯**　傷の湯として知られる増富温泉「不老閣」（山梨県北杜市）の岩風呂。日本有数の放射能泉だ

口絵9　**毛が生える湯？**　那須湯本温泉「鹿の湯」（栃木県那須町）は、単純酸性硫黄泉。高温で刺激が強い湯を頭にかける「かぶり湯」が行われている

口絵11　**美人の湯**　「日本三美人の湯」の一つ龍神温泉の共同浴場「元湯」（和歌山県田辺市）は、肌がつるつる、しっとりとする重曹泉（ナトリウム―炭酸水素塩泉）だ

口絵 12　**黒い湯**　その名も「墨の湯」。塩原温泉郷・元湯温泉「大出館」（栃木県那須塩原市）の黒い湯は、硫化鉄による

口絵 13　**白濁の湯**　雄大な八幡平に点在する藤七温泉「彩雲荘」（岩手県八幡平市）の白い露天風呂は圧巻だ＝単純硫黄泉

口絵 14　**乳青色の湯**　70 畳の広さを持つとされる白骨温泉の「泡の湯」（長野県松本市）の露天風呂。微妙に色が変わるが、この日は乳青色の湯をたたえていた＝含硫黄―カルシウム・マグネシウム―炭酸水素塩泉

口絵 15　**青い湯**　1 日に 7 度も色が変わるとされる湯の峰温泉（和歌山県田辺市）の「つぼ湯」。青色に彩られていたが、ほぼ透明な状態にも出合った＝含硫黄―ナトリウム―炭酸水素塩・塩化物泉

口絵 16　**緑の湯**　国見温泉「石塚旅館」（岩手県雫石町）の露天風呂は、美しい緑の装いで迎えてくれた。一方の内湯は抹茶色であり、硫黄泉の色彩演出は微妙だ＝含硫黄—ナトリウム—炭酸水素塩泉

口絵 17　**さび色の湯**　平家の落人伝説が残る秋山郷（長野県栄村）の小赤沢温泉は、多量の鉄分を含むため、湧出後に空気に触れると酸化して、さび色（赤褐色）に変化する＝含鉄—ナトリウム・カルシウム—塩化物泉

1章　効能をうたう温泉
その由来と根拠を問う

美肌の湯

さまざまな効能をうたう温泉が、全国各地に点在する。肌をすべすべにしたり、傷の治りを早めたり、目を癒やしたり。「美人の湯」、「傷の湯」や「目の湯」などとして人々に親しまれるこうした温泉には、どんな科学的根拠があるのだろうか。また、その由来や習俗は？「○○の湯」と呼ばれる温泉の秘密を探ってみよう。

日本三美人の湯

「○○の湯」と呼ばれる温泉の中で、圧倒的に多いのは「美人の湯」だ。肌がつるつる、ぬるぬるする、すべすべする、あるいは、さらっとすることなどが由来のようで、「美肌の湯」と言った方が適切なのかもしれない。

写真1　湯船の底がくっきり見えるほど透明度が高い川中温泉（群馬県東吾妻町）の露天風呂。「かど半旅館」のみの一軒宿だ

そうした代表格が「日本三美人の湯」で、「三大美人の湯」とも呼ばれる。浅間山麓の北側を走り、長野県上田市と群馬県沼田市を結ぶ街道（通称「真田街道」＝ＮＨＫの大河ドラマ「真田丸」で広く知られるようになった）の脇にある川中温泉（写真1、群馬県東吾妻町）、熊野詣《くまのもうで》の湯ごり場であり、高野山へと続く山中にある龍神温泉（和歌山県田辺市、口絵11）、出雲空港に近い湯の川温泉（島根県出雲市）だ。

なぜこの3湯なのか。そのいわれははっきりしないが、石川理夫《みちお》・日本温泉地域学会長（温泉評論家）は「旧鉄道省編のロングセラー『温泉案内』に取り上げられたため」とみている。

石川さんはさらに「当初は川中温泉のすぐ近くにある松の湯温泉を含めた4カ所だった」と指摘する。松の湯温泉は現存するが（写真2）、「どんな経過で抜け落ちたのかは不明」と言う。甘露寺泰雄・中央温泉研究所専務理事（温泉分析学）は「大正時代に、観光案内による誘客が盛んになった。おそらく、宣伝に使われたのだろう。美人の湯は、いいキャッチフレーズだからね」と語る。三美人の湯と言われ出したのは、大正末から昭和初期ごろだろうと推測される。

三つの湯に共通するもの

では、この三つの温泉に共通する科学的要因はあるのだろうか。

泉質は、川中温泉が石こう泉（カルシウム―硫酸塩泉）、龍神温泉が重曹泉（ナトリウム―炭酸水素塩泉）、湯の川温泉は含土類・食塩―芒硝《ぼうしょう》泉（ナトリウム・カルシウム―硫酸塩・塩化物泉）＝以前はアルカリ性のホウ酸泉（含ホウ酸単純温泉）（図1）。

写真2　旧鉄道省のガイド本『温泉案内』で、「色を白くする湯」と紹介された松の湯温泉「松渓館」（群馬県東吾妻町）

成分比較	泉質	温度	pH	Naイオン	Caイオン
川中温泉	石こう泉	36.0℃	8.4	98 mg/kg	400 mg/kg
龍神温泉	重曹泉	43.6℃	7.8	378.1 mg/kg	8.5 mg/kg
湯の川温泉	含土類・食塩―芒硝泉	47.9℃	8.4	279.7 mg/kg	169.8 mg/kg

（久保田一雄さんらの論文データを基に作成）

図1　日本三美人の湯の場所（地図）と成分比較

「いずれも弱アルカリ性で、ナトリウムイオンとカルシウムイオンを含んでいる。この組み合わせが、三美人の湯の秘密」。久保田一雄・群馬温泉医学研究所長（温泉医学、内科学）はこう解説する。久保田さんのグループは、3湯に共通した泉質・化学成分を分析して仮説を立て、人工皮膚をそれぞれの湯につける実験もして追究。「弱アルカリ性の湯の中で、肌の表面にある皮脂（不飽和脂肪酸）とナトリウムイオンが結び付いて、石鹸《せっけん》のような物質をつくる。このため、ぬるぬる、つるつるする。せっけんと同様なので肌の汚れを落とす清浄作用も生まれる」と報告している。また、カルシウムイオンについては「皮脂と反応してカルシウム脂肪酸塩をつくる。これには、ベビーパウダーに似た作用があるため、すべすべ感が生まれる」とする。

湯の屈折率が高く、しっとり感

三つの湯に入浴した経験があるが、今回の取材で改めて訪ねた。川中温泉の透明度は抜群、湯船の底がくっきりと見えるほど澄んでいる。石川さんは「湯の屈折率が高く、入浴中の肌や手足が白く透けて見える。松の湯温泉も同様だ。これも美人の湯の一因ではないか」と言う。

日本温泉地域学会理事の徳永昭行さんは、「爽《さわ》やかな湯で、上がった後に肌がすべすべする」との感想を持った。確かに入浴中には、ぬるぬる、つるつるした感触はない。川中温泉について久保田さんは、「ナトリウムイオンの量が少なく、カルシウムイオンが圧倒的に多いため」と説明する。

龍神温泉（写真3）は、川中温泉同様に無色・無臭で柔らかな湯。だが、重曹泉の特徴である、ぬるぬる、つるつる、しっとりとした肌触りがある。「ナトリウムイオンが多いため」と久保田さんは指摘している。

湯の川温泉に入浴したのは、１０年以上も前のこと。静かな温泉地で、宿泊した宿の玄関脇に置いてあった、「美人泉」と書かれた大きな樽《たる》が印象に残っている。

多様な泉質、効能もそれぞれ

「日本三美人の湯」では、肌を美しくする要因として、弱アルカリ性でナトリウムイオン、カルシウムイオンを含むという成分の共通点を紹介した。ただ、全国各地に点在する「美人の湯」と呼ばれる温泉を調べると、その泉質は多様だ。肌を美しくする「決め手」の要素はないものの、個々の成分が肌にどう作用するかという化学的、医学的なメカニズムは、かなり明らかになっている。

写真３　龍神温泉（和歌山県田辺市）の温泉寺境内に建つ「日本三美人の湯」の石碑

酸性度、アルカリ度を測る水素イオン濃度（ｐＨ）では中性の水はおよそｐＨ７。それより高いｐＨ１４までがアルカリ性、ｐＨ７より下が酸性だ。温泉は、アルカリ性泉、中性泉、酸性泉などに分類される（図２）。

pHによる温泉の分類

アルカリ性泉	8.5以上
弱アルカリ性泉	7.5〜8.5未満
中性泉	6.0〜7.5未満
弱酸性泉	3.0〜6.0未満
酸性泉	3.0未満

図２　ｐＨによる温泉の分類

アルカリ性の温泉は皮脂と反応して、つるつる、ぬるぬる、すべすべした滑らかな感触を与える。皮膚表面の分泌物や汚物も洗い流す。ぬるぬるすることから「うなぎ湯」と呼ばれる温泉もある。

長野県白馬村の白馬八方温泉は、ｐＨ１１を超える日本有数の強アルカリ性泉。入浴すると、とろりとした感触が肌に伝わってくる。

一方で、アルカリ度が高すぎると、脱脂作用で肌がかさかさする恐れがあるので気を付けたい。甘露寺泰雄・中央温泉研究所専務理事は「ｐＨ１１以上なら、湯から上がる時に真湯などで洗い流した方がいい。特にお年寄りや幼児は気配りを」とアドバイスしている。

重曹泉には「美肌の湯」が多い

ふくらし粉やあく抜き、洗浄剤として知られる重曹――。重曹泉（ナトリウム―炭酸水素塩泉）は、アルカリ傾向の湯が多く一般的に美肌の湯とされる。皮膚の脂肪、分泌物を乳化して洗い流すことから水分の蒸散が盛んになり、入浴後に清涼感があるため、「冷えの湯」とも呼ばれる。

美容の大敵、便秘解消に飲泉も

一方、酸性の湯は、肌にピリッとした刺激を感じる。強酸性泉は、脇の下や脚の付け根など、皮

写真４・写真５　別所温泉（長野県上田市・アルカリ性単純硫黄泉）は、文化功労者・人間国宝で役者の花柳章太郎（１８９４～１９６５年）が、当時の白粉に含まれていた鉛による皮膚炎を治したいきさつを持つことから、美人の湯とされる。硫黄泉には解毒作用がある＝同温泉の北向観音境内にある花柳章太郎のレリーフ（写真５・左）と「旅館花屋」の浴槽（写真４・上）

膚の弱い部分にただれを起こすことがあるので注意したい。

日本一の強酸性泉は、玉川温泉（秋田県仙北市）でｐＨ１・０５。小さな傷口がしみ、肌もヒリヒリとする。

美肌にとって、保湿も大切だ。阿岸祐幸・北海道大名誉教授（温泉健康保養地医学）は「メタケイ酸には保湿効果があり、肌がしっとりとするとされる。また、温泉水に溶けているさまざまな塩類が、皮膚表面のタンパク質と結び付いて被膜をつくることから保湿が望める」と言う。

硫黄泉は、解毒作用や肌の脂を取る脱脂作用がある。漂白作用も言われるが、「きちんとした論文は不明」と阿岸さん。ミョウバン（硫酸アルミニウム）を含む温泉は、皮膚や粘膜を引き締める収れん作用がある。

便秘がもたらす吹き出物、肌荒れも美肌には大敵だ。硫酸マグネシウム含有の正苦味泉《せいくみ》には、便秘を解消させる緩下作用があり、飲泉（欧州では温泉療法の中心）が有効だ。石こう泉（カルシウム—硫酸塩泉）、硫黄泉の飲泉も便秘に役立つ。

このように肌を美しくする湯の泉質は多様—。〝美人の湯〟の名が宣伝に用いられたことも、多分にうかがえる。

目の湯

姥子の湯で目のけがを治す

昔話に登場する足柄山の金太郎さん（坂田金時）が、目のけがを治したと伝えられる姥子《うばこ》の湯（神奈川県箱根町、口絵5）をはじめ、「目の湯」とされる温泉もいくつかある。姥子の湯は単純温泉だが、弱酸性で殺菌力を持つ。このほか、殺菌作用のあるホウ酸やミョウバンが含まれる場合も多い。ことにホウ酸は、かつて眼科で目の洗浄に頻繁に使われていた。海外にも「目の湯」はあり、先人たちの知恵がうかがわれる。

「目之湯」という宿

長野県松本市の浅間温泉に、その名もズバリ「目之湯《めのゆ》」という宿があると聞いて訪ねた（写真6）。「目に傷を負った一羽の小鳥が敷地内にわき出ている温泉に舞い降り、傷を癒やして再び大空に飛び立った―との言い伝えから」。同旅館の女将《おかみ》・中野経《つね》さんは、「目之湯」の由来をこう説明してくれた。

旅館業を始めたのは二百数十年前。以前はホウ酸を多く含む湯と、アルカリ性単純温泉の二つの

写真6　長野県松本市の浅間温泉にある「目之湯」旅館

源泉があったが、現在、〝ホウ酸の湯〟は止まっている。「50～60年ほど前には、このお湯を洗面器に入れ目をパチパチと洗った」と中野さん。今に残っている温泉は、透明で爽やか。ひのき造りの露天風呂には、豊かな源泉があふれている。

貝掛温泉を訪ねる

江戸時代から目の湯として知られる新潟県湯沢町三俣の貝掛温泉は、国道17号から分岐した狭い急坂を下り、清津川に架かる細い橋を渡った先にある一軒宿（写真7）。泉質はナトリウム・カルシウム―塩化物泉で、泉水1キログラム中に21・1ミリグラムのメタホウ酸を含んでいる。ちなみに、温泉法で「温泉」とされるメタホウ酸の濃度は同5ミリグラム以上だ。

大女将の長谷川史子さんは「宿の脇を流れていた勝沢川《かっさがわ》には、かつて『快眼の滝』があったそうで、明治時代と思われる写真が残っている」と言う。

長谷川さんはまた、江戸時代の1800（寛政12）年に書かれた、目の湯治に行きたい―という旨の「通行手形の願い書」を見せてくれた。隣村・塩沢の孫兵衛によるもので、口語訳すると「女二人　右の者は、眼病を患っておりますので、貝掛温泉へ湯治に行きたいと思います。つきましては、八木沢の関所をお通しくださいますようお願い申し上げます」と記されている。

同温泉には、「快眼水」の名で発売されていた目薬もあった。郷土を紹介した「湯沢町　三俣」（湯沢町教育委員会発行）には、「（旅館業を営んでいた）茂木《もぎ》与平治が明治15（1882）年に内務省より製造販売免許を受けたもので、昭和10（1935）年の水害による移住で廃業するまでその子孫に受け継がれていた」とある。

写真7　貝掛温泉（新潟県湯沢町）の露天風呂

温川温泉もメタホウ酸含む

浅間山の北側にある群馬県東吾妻町の温川《ぬるがわ》温泉（写真8）。一軒宿の「白雲荘」も、昔から「目の湯」として知られる。ナトリウム・カルシウム─塩化物・硫酸塩泉で、1キログラム中に78・4ミリグラムのメタホウ酸が溶け込んでいる。現在は日帰り入浴だけだが、洗眼もできる。

このように、洗眼薬として知られたホウ酸は、目の湯のキーワードの一つだったが、時は流れた。

「結膜炎やトラコーマなど感染症が多かった時代は、目を洗う治療が盛んだった。だが、清潔な時代を迎え、抗生物質も普及・定着するなどで、一般的な治療法では

写真８　メタホウ酸が多く含まれ、目の湯として知られる温川温泉「白雲荘」（群馬県東吾妻町）には洗眼処もある

なくなった」と野原雅彦・丸子中央病院（長野県上田市）眼科部長。「洗眼を否定するのではないが、過剰に目を洗うと、涙の層や角膜の表面にあるバリアー（防護壁）を壊してしまうので、注意してほしい」とアドバイスしている。

　これまでに紹介した貝掛温泉、姥子の湯に加えて、微温湯《ぬるゆ》温泉（福島市）の三つの温泉を「日本三大目の温泉」などと呼ぶ。微温湯温泉には訪ねたことはない。成分分析書を見る限り、酸性―含鉄―アルミニウム―硫酸塩泉で、pHは2・9。殺菌効果があり、刺激も強い湯だ。

　海外の目の湯としては、フランス南西部にあるルルドの泉（単純温泉）が有名。ドイツでは、殺菌作用があるホウ酸やヨードなどを含む温泉水での洗眼が行われている。トルコのターマルにも、目の絵が描かれた洗眼所があった。フッ素が含まれているが、これが目にいいのだろうか？　ただし、泉水は洗眼には熱く、眼球そのものを洗うのではなく、目の周囲に付着させているようでもあった。

傷の湯

長野・山梨中心に「信玄の隠し湯」

戦国時代、甲斐国（山梨県）を拠点に、信濃国（長野県）などを支配した武田信玄。両県を中心に「信玄の隠し湯」と呼ばれる温泉が点在する。傷病兵の治療などに用いられた「傷の湯」であり、戦に明け暮れた人々にとって、つかの間の癒やしの場でもあった。

傷の湯では殺菌作用が重要だ。阿岸祐幸・北海道大名誉教授は、「泉質的には食塩泉、酸性泉、硫黄泉だ。ヨウ素やミョウバン（硫酸アルミニウム）にも殺菌力がある」と指摘する。さらに、「温まることなどで血行が良くなれば傷の治りが早まるし、清潔な温泉水での洗浄は感染防止につながる」と解説する。

そうなると、消毒薬や抗生物質のなかった戦国時代の傷病兵にとって、すべての温泉が〝救い〟だったと想像される。が、まずは「信玄の隠し湯」を訪ねた。

奥蓼科温泉の「渋御殿湯」（長野県茅野市）は、八ケ岳・天狗岳の登山口、標高１８８０メートルの高所に湧く山の秘湯だ（写真９）。二つの源泉は、いずれも単純酸性硫黄泉。硫化水素型である上に、水素イオン濃度（ｐＨ）も2・7という酸性で、刺激が強い湯だ。

写真9　八ヶ岳・天狗岳の登山口にあり、秘境の雰囲気が漂う奥蓼科温泉「渋御殿湯」（長野県茅野市）

ミョウバンの要素もあり、殺菌パワーは十分。末梢《まっしょう》血管を拡張して血液の循環を促す二酸化炭素（炭酸ガス）も多く含む。

写真10　大塩温泉（長野県上田市）の入り口にある「信玄公の隠し湯」の看板

泉温は31・0度と27・0度。歴史を感じさせる木造の湯室には、卵が腐ったような独特の硫化水素臭が漂い、白濁した湯船の一つは、足元から炭酸ガスを含んだ源泉がブクブクと湧いていた。ご主人の北沢惣一さんは「武田軍の将兵が、この湯で湯治をした。だが、信玄自身は、ここまで登っては来ずに、下の集落の陣にいたようだ」としている。

やはり「信玄の隠し湯」とされる松代温泉の「松代荘」（長野市）は、信玄と上杉謙信が対峙《たいじ》した川中島古戦場の近くにある。含鉄—ナトリウム・カルシウム—塩化物泉で、成分の極めて濃い温泉として知られる。殺菌作用のある食塩（塩化ナトリウム）やヨウ素、血行を促す二酸化炭素に加え、カルシウムも多く含む。

阿岸さんは傷の湯の成分について、「カルシウムとヨウ素は自然治癒を促す。ケロイドなどの後遺症を残さないためには、カルシウムが有効」と指摘する。言い伝えの通り、傷にいい成分を多く含んでいる。

長野県温泉協会事務局の布利幡明子さんによると、「信玄の隠し湯」とされる長野県内の温泉はほかに、親湯《しんゆ》温泉（茅野市）、大塩温泉（上田市、写真10）、小谷《おたり》温泉（小谷村）などがある。山梨県では、増富温泉（北杜市）、下部温泉（身延町）などが有名だ。

写真11　群馬大草津分院（閉院）が、アトピー性皮膚炎の治療に用いた草津温泉（群馬県草津町）の源泉の一つ「湯畑」

アトピー性皮膚炎の治療でも注目

一方、傷の湯は現在、アトピー性皮膚炎の治療でも注目されている。群馬大草津分院（現在は閉院）のグループは、草津温泉の「湯畑」（酸性・含硫黄—アルミニウム―硫酸塩・塩化物泉）の湯（写真11）を使い、成人への治療で効果を上げた。

アトピー性皮膚炎が悪化する要因の一つに、患部での細菌増殖が挙げられる。激しいかゆみに耐えきれずに皮膚をひっかいて傷ができる→傷口を通して細菌に感染し、皮膚症状が悪化する→さらにかゆくなるので、ひっかく…という悪循環だ。

草津の湯での療法に当たった久保田一雄・元分院長（群馬温泉医学研究所長）は、「症状が改善した人のほとんどで、皮膚表面の黄色ブドウ球菌が消失した」と語る。

「治癒させた―とまでは言い切れないが、皮膚症状やかゆみの改善は明らかで、温泉療法に伴う悪化はなかった」と久保田さん。さらに試験管レベルでの実験で、強い酸性（pH2・1）と泉水中の微量のマンガン、ヨウ素が殺菌に大きな役割を果たしていることを突き止めている。

子宝の湯

人々の心身を癒やし、健康増進に役立ってきた温泉の中には、子どもを授かりたいとの願いが込められた「子宝の湯」として親しまれているところも多い。長野県内には、田沢温泉（青木村、写真12）で湯治をした山姥《やまうば》が、昔話で知られる金太郎（坂田金時）を産んだという伝説が残る。ただ子宝の湯の泉質は、放射能泉、食塩泉、硫酸塩泉、単純温泉などまちまちで、「独特な泉質」は見当たらない。

写真12　田沢温泉（長野県青木村）の共同浴場「有乳湯（うちゆ）」。子のない婦人が37日、母乳が少ない人が27日入浴すれば効き目が現れる―との言い伝えが今も生きている

ホルモンの動きと体のリズム

産婦人科医で群馬大病院草津分院（現在は閉院）に勤務経験のある玉田太朗・自治医科大名誉教授も、「子宝の湯の医学的なデータはなく、ほとんどが言い伝え」と言う。だが、「妊娠と排卵促進は表裏一体で、温泉も脳（中枢神経）の支配下にあるホルモンの動きを介して卵巣に

働いていると考えられる」とみている。

温泉療法は、「温泉入浴の繰り返し」「温泉地の自然環境・転地」「運動と栄養」の三つの要素が刺激となって、自律神経、内分泌（ホルモン分泌）、免疫系に刺激を与え揺さぶる。こうすることで、歪《ひず》んだ状態にある体のリズム（体内時計）や機能を整えることにある＝図３参照。

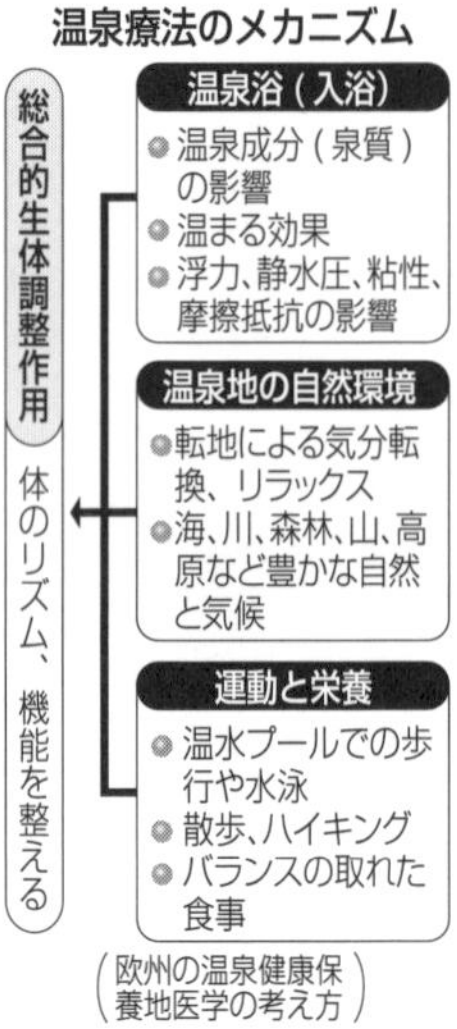

図３　温泉療法のメカニズム

私たちは、睡眠・覚醒、ホルモンの動きなど、ほぼ1日を周期とした「サーカディアンリズム」を持っている。自らの意思とは無関係に動いている自律神経などのさまざまな生体機能が、このリズムに乗っている。

一方、温泉療法に伴う生体リズムの変化・調整は、約7日の周期を描くことから「サーカセプタンリズム」と言われる。

たとえば糖代謝に関するインスリン、コルチゾール、アドレナリンなどのホルモン分泌の変化は、温泉療法を始めることで生じ、揺れ動きながら約7日周期で調整されて正常化することが、阿岸祐幸・北海道大名誉教授らの研究論文に詳しい。7日周期は、温泉療養が生むもので、日常生活の1週間単位とは関係がない。

このことから、欧州の温泉療法は1クール（単位）7日で数クール行い、多くの国が健康保険を適応している。経験的に行われていた日本の湯治も1巡り（単位）7日が多く、2〜4巡り程度だった。

「温泉療法と女性ホルモンの変化」についての研究報告は見当たらないが、こうした湯治のあり方を考えれば、玉田さんの指摘は十分に胸に落ちる。そうなれば、子宝の湯の泉質が多様なことも理解できそうだ。

写真13　群馬県みなかみ町の宝川温泉。このような豊かな自然や温泉水が、「体のリズムを総合的に整える作用」を支えている

夫婦だけ…ストレスからの解放も

温泉保養、温泉療法によって得られるストレスからの解放も、大きな要素だ。強いストレスが掛かれば生理が止まったり、男性が性的不能に陥ったりするように、ストレス下に置かれた生物の体は、個体が生き残ることが先決で、子づくりは二の次になる。心身ともに温泉でゆっくりすることや転地効果は、妊娠を促すことにつながりそうだ。

心身医学も専門の玉田さんは「家制度が強く、住宅事情も良くなかった時代に、夫婦が、しゅうと、

写真14　子宝の湯として知られる栃尾又温泉「自在館」（新潟県魚沼市）の露天風呂。ぬるい放射能泉で長時間微温浴が特徴だ

写真15　しめ縄に霊気を感じる栃尾又薬師堂境内の「夫婦欅（けやき）」。やはり境内にある「子持杉」とともに、またぐと子宝に恵まれると伝えられる

しゅうとめ、小じゅうとらの目から離れ、2人きりになるといった精神的な面も強かったのではないか」としている。冷えは女性の敵であり、温まる意味も十分に考えられそうだ。薬剤師であり温泉分析学が専門の甘露寺泰雄・中央温泉研究所専務理事は、医学・薬学の研究者が比較的古い時代から記述している子宝の湯を調べた結果、「中部以北が圧倒的に多い」と指摘。「寒さ（気温）が関係していて、温まる効果が求められたのだろう」と分析している。

甘露寺さんが、「どの文献にも記載されている」と報告している子宝の湯は、▽大湯（秋田県）▽五色（山形県）▽熱塩《あつしお》（福島県）▽横向《よこむき》（福島県）▽村杉（新潟県）▽栃尾又《とちおまた》（新潟県、写真14・15）▽伊香保（群馬県、写真16）▽吉奈《よしな》（静岡県）である。

温泉地に残る風聞

子どもを授かりたいという願いが込められた「子宝の湯」について、温泉療養（湯治）を通して、体のリズムや機能を総合的に調整する作用や、夫婦が日々のストレスから解放されることが、その秘密と考えられると述べた。

だが、一方、こうした温泉地では、温泉療養といった医学的観点とは全く別の方法で、子どもを授かろうとする俗習があったという。そのことを教えてくれたのが、日本の温泉研究の重鎮である甘露寺泰雄・中央温泉研究所専務理事だ。

写真16　子宝の湯とされる伊香保温泉（群馬県渋川市）の長い石段。今も湯町の雰囲気を色濃く残している

「子宝の湯として知られるある温泉に調査に行ったときに〝精子を提供する男性〟に出会い、直接にヒアリングした経験がある」というのだ。昭和30年代後半とのことだ。

「この男性は60歳ほどだったが、髪は黒々、体格もがっちりしていて、どう見ても40歳くらいにしか見えなかった。『自分以外にも〝同様な男性〟がいる』と言っていた。性病などの病気をしてはいけないから、健康に気を付けていて、それはそれで大変だったようだ」と甘露寺さん。

これとは別の温泉地にも、同様な俗習が伝わっているとの話を、複数の温泉関係者から聞くことができた。「記録には残っていないが、子宝の湯と言われるいくつかの温泉には、おそらくそういう人物がいたのだろうし、周囲もそれを知っていたと思われる」と甘露寺さんは指摘する。

理不尽な離婚の「防波堤」に

現代の常識では信じ難い話だが、「家」の縛りが強く、「嫁して3年、子なきは去れ」という封建的な社会では、理不尽な離婚を防ぐ〝防波堤〟の一翼を担っていたとも言える。これまで、ほとんど報じられていなかった事実である。

信州大病院生殖医療センターの岡賢二副センター長は、2014年3月に松本市で開かれた信濃毎日新聞など主催の「信毎健康フォーラム」の解説報告で、「不妊の原因が男性にあることが、実は多い。男女ともに原因があることを合わせれば、約半数を占める」と述べている。

現代は、生殖医療が子宝に恵まれない夫婦の受け皿になっているが、こうした先進医療が導入・定着する以前はどうだったのか。恐らく、湯治が、医学的にも民俗学的にも、人々の切実な願いに応えるべく、さまざまな役割を果たしていた―とうかがえる。

海外にもある「子宝の湯」

「子宝の湯」と言われる温泉健康保養地は海外にもある。欧州の温泉事情にも詳しい石川理夫・日本温泉地域学会長は、「泉質としては、食塩泉が多い。よく温まり、さらに殺菌作用があることが婦人病に有効なのではないか」とみている。

欧州内陸部には岩塩地帯があり、食塩泉が多い。音楽の都・ザルツブルク（オーストリア）に近いバート・イシュル（同）やドイツのバート・ライヘンハル、バート・ザルツフレンなどで、いくつかの濃い食塩泉を体験した。石川さんは、「バート・イシュルは、ハプスブルク家の子宝の湯として知られる」と解説した。

阿岸祐幸・北海道大名誉教授に同行して、ポーランドとチェコの温泉健康保養地で、モールと呼ばれる泥炭を使った不妊治療を取材したことがある。ある種のモールには女性ホルモンに似た作用があり、これを体内に注入することを繰り返すという極めて単純な療法だった。だが、両国の担当医師は、ともに医療データを示しながら「その成果」を得意気に話したことが印象的だった。

阿岸さんによると、ドイツの温泉健康保養地でも、かつて同様な不妊治療が行われていたという。

心臓の湯

「炭酸パワー」が多様な分野で注目

炭酸ガス（二酸化炭素）を含む炭酸泉は「心臓の湯」と呼ばれている。末梢血管を拡張させることから、血液循環のポンプである心臓の負担を軽くする上、血圧を下げる働きもあるからだ。炭酸ガスは、高温の湯には大量に溶け込めないため、ぬるい湯が多い。ただ、皮膚の表面にある冷たさを感じる「冷点」の感受性が抑制され、「温点」が刺激されるため、実際の湯の温度より2～3度、温かく感じられるのも、この湯の特徴である。

写真17　長野県上松町の灰沢鉱泉は、2419ppmという大量の炭酸ガスを含む。冷鉱泉のため、ガスが飛ばないように、ゆっくり、ゆっくり加温している。近くの釜沼温泉も、1774ppmを含む炭酸泉だ

日本には「炭酸泉」は少ないが、ある程度の量を含む湯は点在する。〝炭酸パワー〟は近年、医療や美容、ダイ

エット、汚れ落としなど多様な分野で注目され、入浴剤はじめ人工炭酸泉も人気を集めている。炭酸ガスは皮膚から吸収され、真皮の毛細血管を拡張させて血行を促進、血圧を下げる。炭酸泉に詳しい前田真治《まさはる》・国際医療福祉大教授（温泉医学）は、「こうした反応は、炭酸泉に接している全身の皮膚の毛細血管で起こる」と言う。血行がよくなれば、循環系の改善だけでなく血液中の老廃物排出も促進されて疲労回復につながる。皮膚の新陳代謝も高まることから肌にも効果的で、炭酸水によるパックもひそかなブームだ。

血液循環促進を目的にした炭酸泉の利用は、医療の現場でも取り入れられている。前田さんは「糖尿病などによる閉塞《へいそく》性動脈硬化症に対して、人工炭酸泉を用いた足浴（足湯）が広く行われていて、初期の段階では効果がある」と話した。

炭酸泉はサイダーやラムネのようにシュワシュワとした湯で、気泡が身体につくことで知られる。「体毛やアカが核になって、気泡化した炭酸ガスが泡として付着する」（前田さん）のだが、汚れが泡とともに落ちる。このため美容にも効果的で、パックの効果につながる。

写真18　灰沢鉱泉の〝炭酸水〟でつくった乳酸ソーダ。シュワシュワとした清涼感が口いっぱいに広がる

濃い炭酸泉が多い欧州

日本とは異なり濃い炭酸泉が多い欧州では、医療

としての入浴や、温泉水由来の炭酸ガス（気体）の活用が盛んだ。
チェコの二つの温泉地で、炭酸泉から取り出した１００％近い天然炭酸ガスによる治療を体験した。まずは裸になって、首まですっぽりとビニール袋の中に入って横たわる。高純度の炭酸ガスを袋一杯に注入して、袋の口を縛るだけ―という単純な手法だ（写真19）。

温泉療法医は「高血圧、末梢循環障害、静脈瘤《りゅう》、静脈炎、更年期障害、性機能低下に有効」と自信を見せ、「温泉水由来の天然ガスは違う」と強調した。血管拡張作用による血流の改善を目的に、炭酸ガスそのものの皮下注射も行っている。

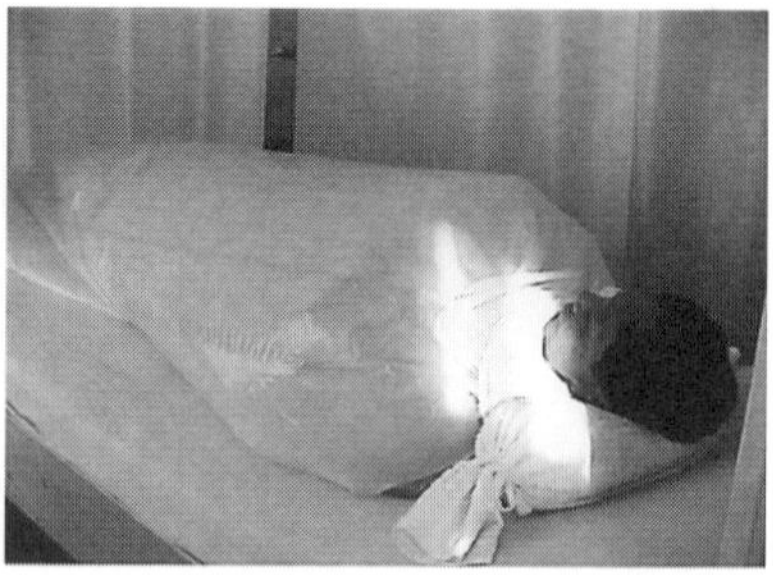

写真19　袋にすっぽり入って―。チェコで体験した温泉水由来の天然炭酸ガス浴＝阿岸祐幸・北海道大名誉教授撮影

前田さんは「欧州では、ダイエットのために、医療として炭酸泉を飲用している」と言う。炭酸ガスには胃袋を膨らませて食欲を抑える効果があるためだ。体形などを勘案して、温泉療法医が量を処方している。

逆に、炭酸泉は胃腸の運動を促すため、食欲増進や便秘の解消にもつながる。家庭では、食前や寝起きに市販の冷たい炭酸水を飲むと効果的だ。ダイエットの場合は、糖分のない常温を用いる。

硫黄泉に末梢血管を拡げる作用

硫黄泉にも末梢血管を拡張させる作用がある。阿岸祐幸・北海道大名誉教授によると、炭酸泉に比べてその作用は100倍も強い。だが、阿岸さんは「皮膚の血流量は増えるが、炭酸泉のように、全身の血液循環に本質的な変化はない。血圧は低下し、心拍数もやや減少するものの、入浴後比較的早く元に戻ってしまう」と解説。「ドイツでは、狭義的には高血圧症の治療対象にはなっていない」と話した。

一方、前田さんは「硫黄泉には熱い湯が多い。高温浴は心臓に負担をかけることから、注意してほしい」としている。

なお、炭酸ガスは中毒や酸欠を起こす恐れが、硫黄泉（硫化水素型）には強い毒性があるため、換気などに十分な注意が求められる。

コラム　「泡沸泉」…地中で閉じ込められた炭酸ガスを放出

温泉法では、炭酸ガスの濃度が250ppm以上あれば「温泉」としている。また、1000ppm以上あれば医学効果が望める療養泉となり、炭酸泉（二酸化炭素泉）と呼ぶ。

長野市の松代温泉「松代荘」は炭酸泉ではないものの、953・6ppmという高濃度の炭酸

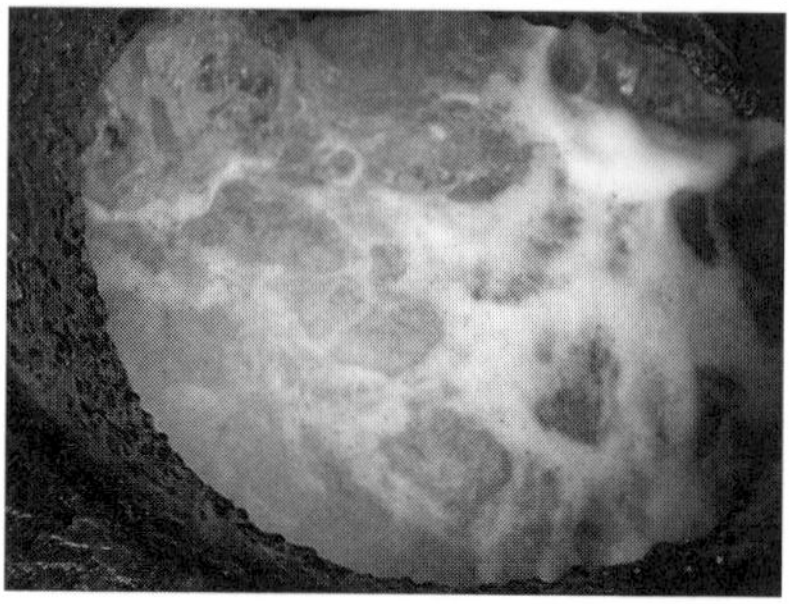
写真20　大量の泡が見られる松代温泉「松代荘」（長野市）の泡沸泉

ガスを含む。45・2度と湯の温度は高いが、濃度が高いのが特徴だ。泉温が高くても、圧力の高い地中の源泉では、多くの炭酸ガスを閉じ込めることができる。
　ただ、ほぼ1気圧の地表に出ると溶存可能濃度が低下して過飽和状態になるため、炭酸ガスが空中に逃げる。こうして多量の泡が放出され、湯が沸いているように見える源泉を泡沸泉《ほうふつせん》と呼んでいる（写真20）。

熱の湯・毛の生える湯

食塩泉…入浴後も体はぽかぽか

体を温め心身を癒やす温泉の中でも、とりわけよく温まり入浴後も湯冷めしにくいものは、「熱の湯」と言われる。海水浴の後にしばらく、体がぽかぽかした経験のある人も多いだろう。このように、食塩を含むナトリウム—塩化物泉（食塩泉）は、「熱の湯」の代表とされる。一方、那須湯本温泉（栃木県那須町）には、頭に繰り返し熱い湯をかけることで「毛が生える」との言い伝えがあるという。

鹿塩《かしお》温泉（長野県大鹿村）は濃い食塩泉として知られ、温泉水を煮詰めて製塩もしている（写真21）。「山塩館」の若女将《おかみ》・平瀬恭子さんは、「塩分濃度は、日によって異なるが、3・8％から4・7％ほど」と語る。海水の塩分濃度は3・5％程度であり、かなり高い値だ。

紅葉が終わりつつある渓谷の山々を眺めながら、見晴らしのいい湯船につかった。入浴後は、ぬくもり感が続き、確かな保温効果を

写真21　鹿塩温泉「山塩館」（長野県大鹿村）の極めて濃い食塩泉から精製した塩

感じる。以前、北海道大水産学部の練習船「おしょろ丸」の海水風呂に入浴したときに、体の芯《しん》から温まったことを思い出した。海水は地中から湧き出るものではないが、〝濃い食塩泉〟ととらえてもいいだろう。欧州で盛んなタラソテラピー(海洋療法)は、健康保養地医学の一つとされている。食塩泉では、塩分濃度が高いほど体の深部体温（直腸温）が上昇し、出浴後の保温効果も強いことが、清水富弘・元上越教育大准教授らの研究で確かめられている。そのメカニズムはどうなっているのだろうか。

泉水に含まれる電解質イオンが皮膚上の脂（皮脂）やタンパク質と反応し、「錯塩《さくえん》」と呼ばれる被膜を形成。これが汗腺を覆って発汗が妨げられ、体温の放散を抑制するとされる。また、濃い食塩泉の場合、皮膚組織に浸透圧による変化が生じ、体温調整システムに影響を与える可能性も指摘されている。

保温効果の効用

食塩泉の保温効果は、末梢循環障害、冷え性のほか、関節リウマチ、変形性関節症など足腰の痛みに効果が望める。殺菌作用もあり、傷の消毒のほか、欧州では蒸気や微細粒子の吸入も盛んだ。

一般的に刺激が少ないため、お年寄りや体が弱い人、病後にも適している。日本では、単純温泉に次いで2番目に多い身近な泉質だ。

頭に繰り返し湯をかける風習

那須湯本温泉には、毛を生やすために頭に湯を注ぐ風習がある。こう話してくれたのは、中央温泉研究所専務理事の甘露寺泰雄さんだ。訪れた共同浴場「鹿の湯」は酸性の単純硫黄泉。湯治場の面影を今に伝える木造の男性浴室には、41〜48度と温度の異なる六つの浴槽が並ぶ。入り口近くの「かぶり湯」では、常連客と思われる人が、タオルを乗せた頭に48度の湯を丹念にかけていた＝口絵9参照。

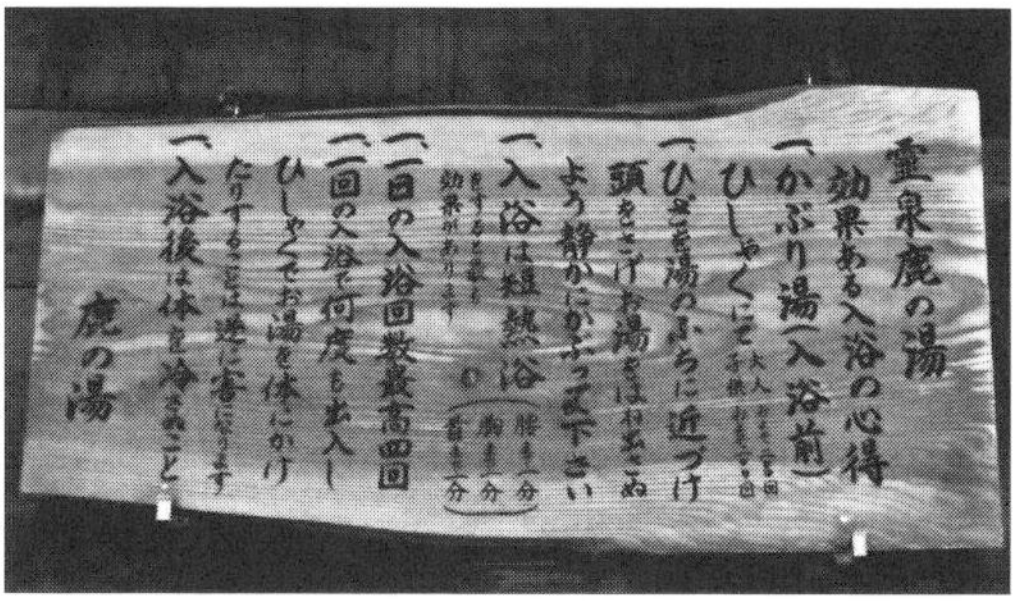

写真22　那須湯本温泉「鹿の湯」（栃木県那須町）の脱衣所に掲げられている「効果ある入浴の心得」

　甘露寺さんによると、この温泉が有名になったのは、九州帝大教授で国立別府病院長の故高安慎一さんが「毛を生やす温泉」とどこかに書いたのがきっかけという。出典を調べたところ、日本の温泉の歴史や文化に詳しい八岩《やついわ》まどかさんの著書『温泉と日本人』（青弓社）の中に記述を見つけた。

　「昔から毛の生える温泉として地元の人たちの信頼が厚かった。昭和の初めに、禿頭《とくとう》に悩む大阪の芸者さんが湯治にやって来た。その結果、毛が生えそろい、それまで使っていたかつらを土地の氏神様に奉納して帰った」。こんな要旨だ。八岩さんを訪ねると、出典は、1957（昭和32）年発刊の「鹿児島医学雑誌」とのことで、原本を引き写したメモを見せてくれた。

共同浴場の案内板には「効果ある入浴の心得」として入浴前のかぶり湯は「ひしゃくにて大人およそ二〇〇回、子供およそ一〇〇回」などと書かれている（写真22）。このかけ湯に〝発毛効果〟はあるのだろうか？

「鹿の湯」を運営する那須温泉株式会社の薄井和夫常務は、毛が生えるといういきさつについて「詳しく聞いていない」と言う。だが、「『抜け毛が少なくなった』『毛が生えてきた』と言うリピーターの方も少ないがおられます」。

高安さんは「全体が均一に生えるわけではなくて、あちこち飛び島のように点々と生え出してくるのだそうだ」と記している。一種の刺激療法かもしれないが、医学的な根拠は不明だ。八岩さんは「ストレス性の脱毛症が、湯治で癒やされた可能性もあるのでは」と推測している。

胃腸の湯

飲泉で胃の粘膜の血流量が増える

20年ほど前のことだが、岡山大医学部教授だった原田英雄さん（消化器内科）から、「飲泉によって胃の粘膜の血流量が増える」という説明を聞いた。1回の飲用でも、連日（2週間）の飲用でも胃の粘膜の血流は改善したという。同大附属病院分院があった鳥取県の三朝《みささ》温泉（含重曹食塩放射能泉）での研究データで、水道水飲用のグループと比較した結果だ。

「胃粘膜の血流量が増えると、胃の運動機能、胃液分泌機能が高まる。胃炎、潰瘍《かいよう》などの治癒力も上がり、発症、再発の予防につながる」との解説が印象的だった。欧州の温泉療法の柱の一つは、飲泉である。

飲泉に対して環境省は、▽療養として飲む場合は、温泉療法医などの指導を受ける▽飲泉許可を受けた新鮮な温泉を、清潔なコップで、その場で飲む。持ち帰って飲むことはやめる▽適量は1回100〜150ミリリットル、1日200〜500ミリリットルまでを、食前30分くらいに飲用▽原則として大人になってから。子どもは、医師の指導を受けて―などを挙げている＝「あんしん・あんぜんな温泉利用のいろは」＝インターネットで検索可能。

阿岸祐幸・北海道大名誉教授も、「源泉か源泉直結の湯を飲むことが鉄則」と強調。「空腹時が一般的だが、胃の粘膜を荒らす恐れがある含鉄泉、含よう素泉、放射能泉は食後が望ましい」とアドバイスしている。

峩々温泉、腹に湯をかける〝湯治作法〟も

「日本三大胃腸病の湯」と言われる温泉がある。峩々《がが》温泉（宮城県川崎町）、四万《しま》温泉（群馬県中之条町）、湯平《ゆのひら》温泉（大分県由布市）で、泉質は微妙に異なっている。

峩々温泉は、含石こう―重曹泉（ナトリウム・カルシウム―炭酸水素塩・硫酸塩泉）。蔵王国定公園内（宮城蔵王）にたたずむ一軒宿。峩々とは、「切り立った険しい崖」を意味するそうだ。

写真23　峩々温泉（宮城県川崎町）の飲泉湯口

飲泉（写真23）とともに、湯船の脇に仰向けに横たわって、備え付けの竹筒で浴槽内の熱い湯（源泉は58度）を腹（胃や腸の上）にかけるという〝湯治作法〟が伝わっている。「かけ湯百回」と言われ、六代目当主の竹内宏之さんは、「自然発生的に生まれたようだ。湯あたりを防ぐ知恵ともいえましょう」と説明してくれた。

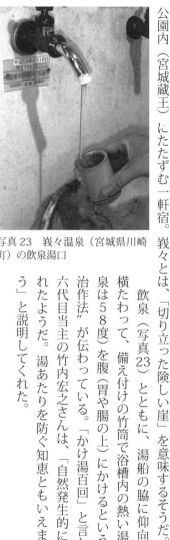

渓流沿いの四万温泉

四万温泉は、近くにある刺激が極めて強い草津温泉（群馬県草津町）とは対照的な柔らかな湯で、かつて「草津の荒療治」の後（帰路）に、荒れた肌の手入れを行う「上がり湯」としても知られた。泉質は、含石こう―食塩泉（ナトリウム・カルシウム―塩化物・硫酸塩泉）。山あいを縫って流れる四万川に沿った落ち着いた温泉地（写真24・25）で、1954（昭和29）年に、日本初の国民保養温泉地に指定されている。

写真24　四万温泉は、渓流沿いの静かな国民保養温泉地。共同浴場「河原の湯」（左手前）には、「真田丸」にちなんだ赤い旗が立てられていた

湯平温泉は、残念ながら訪ねたことがない。手もとには、食塩泉（ナトリウム―塩化物泉）との成分分析書があるが、温泉協会のホームページには、ナトリウム―塩化物・硫酸塩泉（含芒硝―食塩泉）の記載が見られる。

泉質別の飲泉適応症

なお、環境省による泉質別の飲泉適応症は、以下の通りだ。

塩化物泉（萎縮性胃炎、便秘）▽炭酸水素塩泉（胃十二指腸潰瘍、逆流性食道炎、耐糖能異常＝糖尿病、高尿酸血症＝痛風）▽硫酸塩泉（胆道系機能障害、高コレステロール血症、便秘）▽二酸化炭素泉（胃腸機能低下）▽含鉄泉（鉄欠乏性貧血）▽含よう素泉（高コレステロール血症）▽硫黄泉（耐糖能異常＝糖尿病、高コレステロール血症）。

　一方、胃酸の分泌、胃腸の運動は、私たちの意思とは関係なく動いている自律神経に支配されている。滞在型の温泉療法では、「子宝の湯」の項で述べたように、体のリズム（体内時計）を整える総合的生体調整作用によって、自律神経系の歪《ひず》みが整えられる側面も大きいと考えられる。

写真25　四万温泉（群馬県中之条町）の塩之湯飲泉所

2章　五色の湯と七変化

にごり湯を追う

黒い温泉の秘密

〝日本一〟の黒い湯

白、青、緑、赤、黄、黒――。こうした色の付いた「にごり湯」は、五感に響く魅力がある。同じ色でも濃さや透明感は異なる。天候や光線で色調が変わる七変化《へんげ》、五色の湯などもあり、多彩だ。改めて全国各地の「にごり湯」を訪問。これまでの取材メモに新たな知見を加え、「色の秘密」を探った。

青森に「日本一の黒い湯」とされる温泉がありますよ。行ってみませんか。日本温泉地域学会の徳永昭行理事の誘いで、青森県東北町にある東北温泉を訪ねた。

う～ん、確かに黒い。一軒宿だが、内湯も露天風呂も、新鮮な真っ黒の湯であふれていた。47度の高温泉。泉質は単純温泉で、黒い秘密は腐植質による。腐植質とは、古い時代に地中に埋もれ

写真26　東北温泉（青森県東北町）の「黒づくし御膳」

た植物が分解したもので、成分は主にフミンなどと呼ばれる微細な有機物だ。

宿も徹底して「黒」をアピール。昼食に取った「黒づくし御膳《ごぜん》」（写真26）は、黒豆の豆腐、黒コンニャクのおでん、黒い茶わん蒸し、黒豚のカツに黒ソイ、まんじゅうまで黒…。そうなれば乾杯も黒ビールだ。その徹底ぶりに驚かされた。

地中に埋もれた腐植質に由来か

房総半島の山あいにある養老渓谷温泉（千葉県市原市～大多喜町）も腐植質による黒い湯で知られる（写真27）。湧出時の色は薄いが、湯船にたまると黒さが浮き立ってくる。色の濃さは、深さも大きなポイントだ。

一方、新潟県長岡市の三島谷温泉は農村地帯のこぢんまりした一軒宿だった。泉質は重曹泉（ナトリウム―炭酸水素塩泉）で、つるつるする美肌の湯だ。この温泉の濃い黒も腐植質由来と考えられる。

東京都内にも同様な湯が湧く。北海道音更町の十勝川温泉もそうだ。

甘露寺泰雄・中央温泉研究所専務理事（温泉分析学）によると、同じタイプの黒い湯は関東平野や新潟、東北、北海道の平野部、濃尾平野、大阪平野、宮崎平野、鹿児島平野などに存在。水溶性天然ガスの分布とかなり重複する。

タオルも真っ黒に染まる「奇湯」

腐植質による黒い湯は「モール泉」と呼ばれることが多い。だが、甘露寺さんは「モールとはあくまで腐植土（泥炭）のこと」とし、腐植質（微細物質）を含んだ温泉をモール泉と言ったり、この湯に入ることをモール浴と呼ぶことに疑問を投げかける。

写真27　黒い湯をたたえる養老渓谷温泉「川の家」（千葉県大多喜町）の洞窟風呂

また、浜田真之・日本温泉地域学会理事長（温泉工学）は温泉の分類について言及し、「環境省による鉱泉分析法指針上は、こうした黒い湯に食塩泉（ナトリウム―塩化物泉）や石こう泉（カルシウム―硫酸塩泉）、放射能泉のような正式な泉質名は付けられない。あえて言えば『モール泉』でなく『含腐植質泉』ということになる」と説明する。

大塚吉則・日本温泉気候物理医学会理事長（北海道大教授）は「１９５９年、北海道大

温泉治療研究施設長（登別市＝閉所）だった斉藤省三さんが、ドイツ語のモール（泥炭地、湿地、沼地）と黒い湯を結び付けて紹介したのが発端」と解説してくれた。

欧州の温泉健康保養地では、泥であるモールとファンゴを、運動器疾患などの患部に塗布する療法が盛んだ。美容にも用いられている。モールと呼ぶのは腐植質からなる泥炭、ファンゴとは火山灰を指す。

一方、栃木県那須塩原市の元湯温泉は、塩原温泉郷の最奥に位置する山あいの秘湯。「大出館」に八つある湯の一つ「墨の湯」は、タオルも真っ黒に染まる天下の奇湯で、その秘密は硫化鉄にある＝口絵12参照。混浴だがこの黒さ。入ってしまえば大丈夫だ。

さらに甘露寺さんは「マンガンによる沈殿物やマンガンバクテリアによるケースもある。かつて常磐炭田（福島～茨城県）付近の湯が、石炭の混入によって黒い色が付いていたこともあった」と話した。

コラム　湯の色を決める多彩な要因

温泉の色を決めるのは何か。色のもととなる物質や粒子の大きさ、太陽光や白熱電灯といった光源の違いなど、さまざまな要因がある。

容器の大きさも重要だ。海水をコップに入れると透明だが、遠くから見た海はマリンブルーだ。甘露寺泰雄さんは色度を測る口径10センチ、長さ37センチの容器を示した。

湧出時に色が付いているのは、腐植質を含む黒い湯などごくわずか。源泉が、空気に触れるなどして化学変化を起こし、着色することが多いと甘露寺さん。

つまり、湯の着色は、成分とその溶存状況、温泉の老化現象なのだが、ここは「老化」ではなく、「熟成」と解釈したい。湯の新鮮さも大切だが、にごり湯にはそれを超える魅力があるからだ。

乳白色・乳青色の湯

にごり湯というと、まず浮かぶのは「白濁」のイメージだろう。そう、乳白色、乳青色の湯だ。その多くが卵が腐ったような硫黄（硫化水素）臭の漂う硫黄泉。視覚と嗅覚に響き、「ああ温泉に来た…」との思いが募る郷愁の湯でもある。

雄大な露天風呂に白い湯の花

秋田県と岩手県境に広がる火山性の高原・八幡平《はちまんたい》の初夏。標高1400メートルの藤七《とうしち》温泉（岩手県八幡平市）は、実に雄大だ＝口絵13と写真29。「彩雲荘」は、開放感あふれる素朴な一軒宿で、囲いもない開け広げのガレ場に点在するいくつもの露天風呂が、真っ白な湯で満たされている。泉質は、単純硫黄泉。かすむ岩手山を眺めながら、ゆったりと手足を伸ばす。渡る風が心地よい。

白濁した硫黄泉は、火山国・日本では、全国各地に湧くなじみの温泉だ。私が住んでいる長野県にも、奥山田温泉（高山村）、白馬鑓《はくばやり》温泉（白馬村）、高峰温泉（小諸市）、白骨温泉（松本市）、乗鞍高原温泉（同）、奥蓼科温泉郷（茅野市）などがある＝長野県温泉協会の布利幡明子さんによる。

白骨温泉は、乳白色・乳青色の湯で知られる自然豊かな保養地だ。

７０畳の広さを持つ露天風呂で有名な「泡の湯」（含硫黄―カルシウム・マグネシウム―炭酸水素塩泉）は、ある冬の日、乳青色の湯をたたえていた。雪景色の広大な露天風呂は静寂で、落ち着いた雰囲気が漂う。高い位置から勢いよく落ち注ぐ源泉は圧巻。湧出時は透明だが、空気に触れるなどして濁りが生じる。

「泡の湯旅館」の小日向義夫会長は、「年に数度だが、エメラルドグリーンになることもある。温泉は不思議です」と話す＝口絵14（桜の季節）も参照。

一方、白骨温泉近くにある乗鞍高原温泉は、真っ白な湯で知られる。源泉は乗鞍山麓の湯川上流で、１９７６（昭和５１）年

写真28　十和田八幡平国立公園の乳頭山ろくに点在する乳頭温泉郷。その一つ乳頭温泉「鶴の湯」（秋田県仙北市）は、真っ白な露天風呂が人気だ

写真29　藤七温泉（岩手県八幡平市）の雄大な露天風呂には、白い湯の花が沈んでいた

に引湯した比較的新しい温泉だ。

白濁した硫黄泉、酸性度が高いほど強まる濁り

甘露寺泰雄・中央温泉研究所専務理事によると、湧出後に乳白色、乳青色になるのは、中性から酸性の硫黄泉が多い。「酸性度が高いほど、さらに硫化水素を多く含んでいるほど白濁は強まる」と甘露寺さんは解説する。現に硫黄泉でも、別所温泉（長野県上田市）などのアルカリ性の湯では、白い濁りは生じない。

さらに、甘露寺さんは「白骨温泉は、酸性度は低く中性に近い。あれだけ白濁するのは、泉水に溶けているカルシウムイオンと炭酸イオンが結合してできた炭酸カルシウムも関与しているのだろう」としている。

その他、ケイ藻類やある種の細菌がコロニー（集団）をつくって白濁する場合もあるそうだ。

ところで、乳白色と乳青色の湯、さらに青い湯は、硫黄やシリカ（二酸化ケイ素）といった湯に溶けている物質の粒子の大きさに左右されることが分かってきた。これは、同じ硫黄泉が、青、乳青色、乳白色、真っ白という「異なる顔」を持つことにもつながってくる。その「秘密」は、次の青い湯の項で取り上げたい。

青い湯の色彩変化

1日に7回も湯の色が変わる

和歌山県田辺市にある湯の峰温泉の共同浴場「つぼ湯」（口絵7）は、湯の谷川の狭い川原に建つ板張りの湯小屋だった。熊野詣での人々が道中、身を清めた湯として知られ、「熊野古道」とともに世界遺産に登録されている。含硫黄―ナトリウム―炭酸水素塩・塩化物泉で、1日に7回湯の色が変わるとされる。２０１５年1月のある夕方訪れると、湯は青に彩られていた＝口絵15。

神宿る熊野―。天然岩の湯つぼは2～3人がやっと入れる程度だが、古代から中世にタイムスリップしたようだ。小栗判官《おぐりはんがん》がこの湯につかり、死のふちから蘇生したという伝説もあり、漂う霊気を感じる。

翌朝、再び足を運ぶと、湯つぼはほぼ透明になっていた。翌年（２０１6年8月）に立ち寄ったときは、前回よりやや薄い青色。「なるほど色が変わるのだ」と実感した。

同じ浴槽でも場所により別の色

岩手・秋田の県境にある須川温泉の湯は、鮮やかな青い姿で迎えてくれた。東北大医学部のグルー

写真30　須川高原温泉（岩手県一関市）の露天風呂は、光線の加減で鮮やかなブルーでもあり、乳青色でもあった

プが、かつて心身症の治療に取り組んだ温泉で、極めて刺激の強い泉水（酸性・含硫黄・鉄―ナトリウム―硫酸塩・塩化物泉）をたたえる。同大助教授だった鈴木仁一さん（故人）に、仙台市内で「須川温泉療法」の話をお聞きして以来、ぜひ訪ねてみたい地であった。

15年越しの思いが実現したのは、2013年の遅い夏休みのことだ。岩手県側にある「須川高原温泉」（一関市）の広い露天風呂は美しいブルー（写真30）。だが光線の加減で、同じ浴槽でも違う場所では乳青色。「温泉の色」は一筋縄ではいかないようだ。

大分県別府市の別府温泉郷には、いくつかの青い湯がある。その一つ鉄輪《かんなわ》温泉の「神和苑《かんなわえん》」では、透明→青→白との変化が見られるとされる。一方、「岡本屋旅館（明礬《みょうばん》温泉）」の湯は、乳青色（青磁色）に煙っていた。また、コバルトブルーで知られる海地獄（鉄輪温泉）は、美しいライトブルーだった（写真31）。

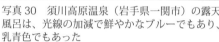

シリカや硫黄　粒子の大きさがカギ

青い色の秘密はどこにあるか。さらに、透明→青→白という一連の色彩変化がなぜ生じるか。これは、別府市にある京都大地球熱学研究施設の大沢信二教授（地球流体化学）の論文に詳しい。「粒子の大きさがカギを握る」という報告である。

空の色について考えることがヒントになる。大気中にある水蒸気などの粒子は、エアロゾルと呼ばれる。太陽光がエアロゾルに当たり、「ある波長」の光が散乱することで空はさまざまな色に染まる。エアロゾルの粒子が小さいと、波長の長い赤色の成分はそのまま通過するが、波長の短い青色はエアロゾルにぶつかって散乱するため、空は青くなる（レイリー散乱）。

一方、粒子が大きくなり、雲（微粒子を核とした水滴）になると、波長の短い光も、長い光も散乱する。すべての色が散乱するため、白く見える（ミー散乱）。

大沢教授のグループは、別府温泉郷のいくつかの「青い湯の秘密」が、シリカ（二酸化ケイ素）にあることを突き止めている。高温の地下水の中では、シリカは

写真31　鉄輪温泉の「海地獄」（大分県別府市）。海のように美しいブルーは、硫酸鉄に由来すると説明されているが、浮遊する粘土鉱物コロイドによるとの説もある

モノマーと呼ばれる最小の分子として存在している。このとき湯は透明で、湧き出たばかりも同様だ。しかし、地表に出ると、モノマー同士がくっつく「重合」という反応が起き、コロイドという粒子に変化する。この粒子の大きさが可視光の波長よりやや小さいくらいになったときに、レイリー散乱で泉水は青に見える。そして、粒子が大きくなるにつれて乳青色、白色へと変化（ミー散乱）。最終的には、ケイ華と呼ばれる沈殿物となる。大沢教授は「神和苑」などの湯で、こうした時系列の現象を実際に観察、報告している。

青を経ない色の変化の説明

では、青を経ずにいきなり乳青色、乳白色になる湯はどう説明できるのか。大沢教授は「重合が急速に進むような物理・化学的な環境（条件）下では、青色の期間は極めて短く、私たちの目に触れることがないのだろう」と解説した。

同様なことは、硫黄コロイドでも突き止められている。青や乳白色になる別府市の岡本屋旅館の湯は、「酸性硫酸塩型の温泉水に、硫化水素を含む噴気を吹き込ませていて、直後は無色透明」（大沢教授）。だが、時間とともに色が付いていく。

大沢教授は、「温泉水中の硫化水素が空気によって酸化され、単体硫黄のコロイド粒子に変化する過程で生じている現象」としている。温泉の〝熟成〟あるいは〝老化現象〟とも言えよう。

コラム

小栗判官伝説

中世の説教節の一つ。常陸の国（茨城県）の城主・小栗一族がモデルともされる。小栗判官は、毒を盛られて地獄に落ちるが、耳、鼻が欠け、目も見えない、やせ衰えた「餓鬼阿弥《がきあみ》」の姿となって蘇生。土車《つちぐるま》に乗せられて熊野古道の湯の峰温泉の「つぼ湯」に運ばれ再生。あだ討ちを果たす。温泉が持つ治癒力の高さを世に伝える物語だ。

緑の湯にもいろいろ

熊の子の　けがして足を　洗へるが　開祖といひて　伝はるいでゆ

情熱の歌人与謝野晶子がこう詠んだ熊の湯温泉（長野県山ノ内町）を訪ねたのは、穏やかな冬の日だった。

ヒスイ色のにごり湯

柔らかな冬の日差しが差し込んだ「熊の湯ホテル」の湯船は、ヒスイ色と言おうか、澄んだ薄緑色の湯をたたえていた＝写真32参照。

含硫黄―カルシウム・ナトリウム―炭酸水素塩・硫酸塩泉。一面の雪景色の中で、ゆったりと手足を伸ばせば、時がほどけていくようだ。その名の通り熊が発見したという伝説に思いを馳《は》せ、晶子が訪れた往時をしのんだ。

同行した全国各地の温泉を訪ねている徳永昭行・日本温泉地域学会理事（長野市在住）は、意外にも初訪問という。「透明感が高く、美しい湯」と語った。

緑系だが、いろいろに見える湯

秋田駒ケ岳山麓の初秋。２０１３年9月に立ち寄った国見温泉「石塚旅館」（岩手県雫石町）の内湯は、絵に描いたような抹茶《まっちゃ》色だった。だが、２０１５年１１月の露天風呂は、鮮やかな緑色をしていて驚いた＝口絵16。

一方、石川理夫・日本温泉地域学会長は、「ライムグリーンの印象」と話す。果実のライム、緑と黄色の中間色なのだという。

泉質は、含硫黄―ナトリウム―炭酸水素塩泉だが、ことに硫黄泉の色彩演出は多彩だ。天候や時刻など光線の加減に加え、前項で説明した、泉水中に浮遊する微細粒子（コロイド）の大小が光の散乱を左右するため微妙に移ろう。内湯と露天風呂で色が異なることも多く、ある温泉に対して、「〇〇色である」と決めつけられないファジーさも、にごり湯の魅力なのだろう。

写真32　柔らかな冬の日差しを浴びて透明感が際立つ熊の湯温泉「熊の湯ホテル」（長野県山ノ内町）の湯船

エメラルドグリーンの湯

青森県平川市にある銭湯「新屋《あらや》温泉」（含硫黄―ナトリ

写真33　新屋温泉（青森県平川市）の湯は、さわやかなエメラルドグリーンだった。銭湯だが、その色の美しさで全国的に知られる

ウム—硫酸塩・塩化物泉）では、さわやかなエメラルドグリーンの湯に出合った（写真33）。とろりとしたような、透き通った透明感も素晴らしい。浴室の真ん中にドンと構える湯船は、中央の湯口から湯があふれ出ている。浴槽の周囲は洗い場というシンプルな造りが、「銭湯」を感じさせる。地元密着の〝おらが湯〟だが、知る人ぞ知る「全国区の湯」と聞いた。

緑色の湯は、私が住んでいる長野県内では熊の湯温泉のほか、おぶせ温泉「あけびの湯」（小布施町）、野沢温泉（野沢温泉村）や戸倉上山田温泉（千曲市）、諏訪地方の温泉の一部、八ケ岳海尻温泉（南牧村）などでも見られる。

黄と青の合成による場合も

東邦大理学部のグループは、浴槽内では常に緑色をしている熊の湯温泉と国見温泉について、そのメカニズムを追究。「黄色と青色の合成によって、緑色が生じる」と日本温泉科学会の機関誌「温泉科学」（2010年）に報告した。

この論文によると、二つの温泉の泉質は微妙に異なるが、ともに硫黄泉で、泉水中に硫黄や炭酸カルシウムの微細粒子が存在している。黄色は、源泉から浴槽に導入される過程で、硫化水素と硫黄が反応して生成される多硫化イオンがもたらす。一方の青色は、前項で説明したレイリー散乱で生じる。光線が、硫黄や炭酸カルシウムの微細粒子に当たる際、波長の短い青色成分が散乱する現象だ。

遠い昔に学んだ美術の知識…。黄と青の合成色は、確かに緑である。

一方、緑ばん泉（含鉄—硫酸塩泉）と言われる鉄泉の一種は、淡い緑色をしているケースもある。緑ばん泉は、同時に硫黄泉や酸性泉であることが多く、刺激が強い温泉として知られる。

コラム

灰色の湯　湯の成分や泥・火山灰が作用

湯の色が変化することで知られる五色温泉（長野県高山村＝単純硫黄泉）は、湯船ごとに色が違うこともしばしば。かつて訪ねたときは、内湯は緑色、家族風呂は薄い黒、露天風呂は白とやや緑が混じった灰色だった。

灰色と言えば、同じ高山村にある七味温泉の露天風呂「恵《めぐみ》の湯」も、立ち寄ったときに、ネズミ色をしていた（写真34）。基本的には単純温泉とのことだが、硫化鉄による黒い沈殿物も見られる。微妙な成分が醸し出す世界なのだろう。

写真 34　七味温泉「恵の湯」(長野県高山村）は、訪ねた日、灰色をしていた

一方、泥や火山灰が溶けていることで灰色や灰白色をしている「泥湯」もある。後生掛温泉（秋田県鹿角市)、「別府温泉保養ランド」(大分県別府市の明礬《みょうばん》温泉)、地獄温泉の露天風呂「すずめの湯」(熊本県南阿蘇村）などで体験したが、日本には少ない。

赤褐色や茶褐色の湯

鉄分を含む湯の特徴的な色

毒沢鉱泉「神乃湯」（長野県下諏訪町）は、狭い雪の急坂を登り切った突き当たりにたたずむように建っていた。常緑針葉樹のコウヤマキを使った浴槽は、茶褐色の湯をたたえ、大きなガラス窓が開放的で明るい雰囲気を醸し出している（写真35）。

写真35　大量の鉄分を含む毒沢鉱泉「神乃湯」（長野県下諏訪町）は茶褐色。窓が大きく明るい雰囲気だった

茶褐色や赤褐色は鉄分を含む湯の特徴で、自己主張でもある。神乃湯はpH2・53の酸性で、鉄、アルミニウム、硫酸を含む冷鉱泉（旧泉質名では、含明ばん・緑ばん泉）。湧き出た時は無色透明だが、空気に触れると溶けている鉄イオンが酸化鉄になり、茶褐色に変わる。鉄が「さびる」のと同じ仕組みだ。

甘露寺泰雄・中央温泉研究所専務理事は鉄イオンについて、「（泉水1キログラム中に）2～3ミリグラム以上あれば赤く濁ってくる」とする。これに対して、神乃湯の鉄イオン量は123・7ミリグラムと桁違いだ。ちなみに「温泉」と規定されるための鉄イ

写真36　長野県上田市の渋沢温泉。泉質は単純温泉だが、鉄分を含むため茶褐色である

オン含有量は、泉水1キログラム中１０ミリグラム以上、効能が望める「療養泉」は同２０ミリグラム以上と規定されている。

「毒沢」とはインパクトの強い名前だが、何も毒があるわけではない。金の採掘をしていた戦国武将・武田信玄が、けが人の治療に利用した。だが、金鉱を知られないように、あるいは効能の高い温泉を隠すために名付けたという説や、酸性で成分も濃いため、川の魚が死んでしまったからなどの説がある。

館主の小口富明さんによると、１９３７（昭和１２）年には、鉱泉水そのものが売薬として許可され、胃腸薬になった歴史を持つ。効能豊かで、毒も近づけないということだろうか…。

赤さが目立つ湯

浅間山の登山口、標高１４００メートルにある天狗《てんぐ》温泉「浅間山荘」（長野県小諸市）はオレンジ色に近い赤褐色だった。「ずいぶん赤いなぁ」との印象が強い個性豊かな湯である。単純鉄冷鉱泉。カラマツと白樺の林にある山荘は、１９５７（昭和３２）年の開設だ。１９７３（同４８）年秋、浅間山が噴火した後の取材で、ここに車を止めて山頂を目指したことを思い出す。往時茫茫《ぼうぼう》…。現在の建物は1995年に新築した。豊かな自然を生かし、キャンプや乗馬、スポーツを楽しめるアウトドア基地でもある。

長野県上田市の渋沢温泉は、同市から群馬県嬬恋村方面に抜ける国道144号沿い、県境の鳥居峠へ登る途中にある日帰り温泉施設だ。泉質は単純温泉だが、11・5ミリグラムの鉄イオンを含むため、茶褐色をしている（写真36）。脇を渋沢川が流れる山深い小集落の湯。2013年に新設したという露天風呂で、春浅い残雪の山々を眺めながら手足を伸ばした。やや冷たいものの、渡る風が心地いい（口絵17も鉄分を含む小赤沢温泉＝長野県栄村）。

ヨウ素を含むと黄みがかかった茶色に

2014年7月1日付で環境省が通達した療養泉の基準などの改正で、新たに「含よう素泉」が設けられた。泉水1キログラム中に、10ミリグラム以上のヨウ素イオンを含むという基準だ。この湯は、黄みがかかった茶色っぽい色をしている。

千葉県白子町の白子温泉「浜柴」は、ヨウ素を含む食塩泉（ナトリウム―塩化物泉）だった。潮風香る九十九里浜に位置し、湯船には「うがい薬」のような特徴あるヨウ素の匂いが漂う。白子町はヨウ素の産出で知られるが、古い時代に地下に沈んだ海藻に由来すると考えられている。新潟県内にも、基準をはるかに超えるヨウ素を含む温泉が多数ある。このうち塩の湯温泉（胎内市）と西方の湯（同）を訪ねたが、確かに強いヨウ素臭を感じた。

3章　温泉とは何か？

意外に知られていない定義と分類

温泉と鉱泉　ダブルスタンダード

温泉とは、多様な成分が溶け込み、湧き出してくるお湯。鉱泉も似ているが、温度は低く冷たい――。そんなイメージが浮かぶが、こうした認識は正しいのだろうか。そして、温泉の泉質や効能は、何を根拠に定められているのか。意外に知られていない温泉の定義や分類の基礎知識を解説しよう。

温泉の3条件と鉱泉の定義

温泉について定めた法律は、温泉法だけで、温泉の保護や採取時の災害の防止、利用の適正化などを規定している。1948（昭和23）年に施行され、改正もされてきた。

温泉法は、地中から湧き出す温水や鉱水について、図4にある項目に一つでも該当すれば、「それは温泉」と定義する。たとえば、松代温泉（長野市）の場合（写真37）、①泉源の温度が25度以上②ガス性以外の溶存物質総量が温泉水1キログラム当たり1000ミリグラム以上―を満たすのに加え、③で挙げられる18項目については、遊離二酸化炭素、フェロまたはフェリイオン（総鉄イオン）、リチウムイオン、ヨウ素イオンなど9物質で基準値を上回っている珍しい例である。

同法はまた、温水や鉱水だけでなく、「水蒸気や、その他のガス（炭化水素を主成分とする天然ガスを除く）」も温泉と定義していて、立ち上る湯煙も温泉といえる（写真38）。

一方、鉱泉の定義は環境省の鉱泉分析法指針（1951年の温泉分析法指針を翌年に改

写真37　松代温泉「松代荘」（長野市）は、温度、含有成分のうち、どれか一つでも当てはまれば「温泉」とされる20項目のうち11項目が該当する特異な泉質を持つ

右の3条件のうち一つでも当てはまれば「温泉」とする（温泉法による）

1　温度（温泉源から採取されるときの温度）25℃以上

2　溶存物質が総量1000mg/kg以上（ガス性のものを除く）

3　以下の物質のうちいずれか一つを含む

成分名	1kg中の含有量
遊離二酸化炭素	250mg以上
リチウムイオン	1mg以上
ストロンチウムイオン	10mg以上
バリウムイオン	5mg以上
フェロまたはフェリイオン（総鉄イオン）	10mg以上
マンガン（Ⅱ）イオン	10mg以上
水素イオン	1mg以上
臭素イオン	5mg以上
ヨウ素イオン	1mg以上
フッ素イオン	2mg以上
ヒドロヒ酸イオン	1.3mg以上
メタ亜ヒ酸	1mg以上
総硫黄	1mg以上
メタホウ酸	5mg以上
メタケイ酸	50mg以上
炭酸水素ナトリウム	340mg以上
ラドン	20×10^{-10}キュリー以上
ラジウム塩	1億分の1mg以上

（20項目のうち一つが該当すれば「温泉」）

図4　上の3条件に一つでも当てはまれば「温泉」とする

写真38　八幡平に立ち上る蒸ノ湯温泉（秋田県鹿角市）の湯煙は圧巻。温泉法上は、この蒸気も立派な温泉だ

称）に基づく。温泉と鉱泉を比べると、温泉は水蒸気やガスも含むが、鉱泉は液体だけ。その他の定義は大筋同じで、結論から言うと、熱い鉱泉もあるし、逆に冷たい温泉も存在することになる。

「温かいか、冷たいか」は誤解

温泉は温かいイメージが強い。温泉法の定義する２５度では低すぎないか。そんな疑問も浮かんでくる。

『温泉の百科事典』（丸善・２０１２年）によると、温泉法の制定前は、日本薬学会協定法によって「鉱泉のうち２５度以上を温泉」としていた。温泉分析学などに詳しい甘露寺泰雄・中央温泉研究所専務理事は、「昭和の初め頃に２５度が定着したようだ。当時、日本が統治していた台湾など南方の平均気温を参考に決めたと聞いている」と語る。鉱泉は冷たいという意識は、こうした戦前の流れを引く一面もあるのかもしれない。

また、温泉法で規定する１８種類の物質は、モール（腐植質）などの有機物を含まない。これについて甘露寺さんは、鉱泉の成分を定義したドイツの「ナウハイム決議」（１９１１年）に触れ、「ナウハイム決議をそのままスライドさせたからだ。日本の温泉法の独自性は、メタケイ酸、水素イオン、

泉温による鉱泉の分類

冷鉱泉		25℃未満
温泉	低温泉	25〜34℃未満
温泉	温　泉	34〜42℃未満
温泉	高温泉	42℃以上

液性による鉱泉の分類

酸　　性	pH3 未満
弱 酸 性	pH3〜6 未満
中　　性	pH6〜7.5 未満
弱アルカリ性	pH7.5〜8.5 未満
アルカリ性	pH8.5 以上

浸透圧による鉱泉の分類

（ガス性のものを除く溶存物質 mg/kg）

低張性	8000 未満
等張性	8000〜10000 未満
高張性	10000 以上

（1g は 1000mg）

図５　鉱泉を泉温・液性・浸透圧で分類

マンガンイオン、ラジウム塩を加えたこと、２５度以上という温度基準（同決議は２０度以上）にとどまる」と解説する。

法律と指針の二重構造で混乱

鉱泉は、温泉法で定義される温泉から「水蒸気とガスを除いたもの」だ。だが、ややこしいことに、環境省の鉱泉分析法指針によると、鉱泉は泉温によって、冷鉱泉と温泉に分類される＝図５の上の表。

鉱泉の中で温度が２５度以上のものを「温泉」とし、２５度未満を「冷鉱泉」と呼ぶのだ。だがこの規定は、たとえ温度が低くても、溶存物質から温泉として定義される温泉法との間で混乱が生じる。また、「鉱泉は冷たい」という漠然とした誤解にもつながりかねない。

徳永昭行・日本温泉地域学会理事は、「こうした法律（温泉法）と指針（鉱泉分析法指針）の二重構造が、温泉の概念を複雑化させている」と語る。

鉱泉は、酸性、アルカリ性という液性（ｐＨ）や浸透圧によっても分類される＝図５の中の表、同下の表。浸透圧は、溶存物質濃度（鉱泉の濃さ薄さ）の指標になる。酸性泉、アルカリ泉の特徴については、あらためて取り上げたい。

泉質名と適応症

温泉の成分分析

脱衣所などに掲げられている温泉の成分分析書には、硫黄泉、ナトリウム—塩化物泉（旧泉名＝食塩泉）、含鉄泉、二酸化炭素泉（炭酸泉）、放射能泉、単純温泉といった泉質名が記されている。それは、温泉の感触や効能に思いをはせる「よすが」となる。

療養泉の定義

（1 2 の一つが当てはまれば療養泉）

1 温度　25℃以上（源泉から採取されるときの温度）

2 物質（下記に掲げるもののうち、いずれか一つ）

物質名	含有量（1kg中）
溶存物質（ガス性のものを除く）	1000mg以上
遊離二酸化炭素	1000mg以上
総鉄イオン	20mg以上
水素イオン	1mg以上
ヨウ化物イオン	10mg以上
総硫黄	2mg以上
ラドン	30×10^{-10}キュリー以上

図6　療養泉の定義

だが、温泉法には泉質に関する記述はない。同法は温泉の保護や採取時の災害防止、利用の適正化などを規定し、「行政的な意味合いが強い」と甘露寺泰雄・中央温泉研究所専務理事。「医学的な効能や療法などの記述はなく、温泉の権利にも触れていない。問題が残されている法律」と指摘する。

では、泉質名を決める根拠は何か。それは、環境省の「鉱泉分析法指針」に基づく。

温泉（鉱泉）を有効活用するには、成分の分析と一般への周知が欠かせない。指針は、その手引であり、泉質名は同指針に依拠している。

泉質別適応症

温泉と鉱泉の定義を再確認したい。温水や鉱水だけでなく、水蒸気やガスも含むのが温泉、温泉から水蒸気やガスを除いたものが鉱泉だ。そして、鉱泉のうち、特に治療目的になりうるものを「療養泉」と呼ぶ。療養泉の定義は、図６の通りだ。環境省自然環境局は、「療養泉には必ず泉質名が付けられ、一般的適応症と泉質別適応症がある」と説明する。

鉱泉分析法指針は、２０１４年夏に大幅に改訂され、「療養泉は、症状の改善を目的に１０種に変わった」と甘露寺さん。環境省による一般的適応症（図７）と泉質別適応症（図８）を一覧表に示した。それぞれの特徴について、温泉の医学に詳しい阿岸祐幸・北海道大名誉教授（温泉健康保養地医学）の話を基に補足を加えてみた。

療養泉の一般的適応症（浴用）
● 筋肉または関節の慢性的な痛み、こわばり（関節リウマチ、変形性関節症、腰痛症、神経痛、五十肩、打撲、捻挫などの慢性期）
● 運動まひにおける筋肉のこわばり
● 冷え性、末梢循環障害
● 胃腸機能の低下（胃がもたれる、腸にガスがたまるなど）
● 軽症高血圧
● 耐糖能異常（糖尿病）
● 軽い高コレステロール血症
● 軽いぜんそく、肺気腫
● 痔の痛み
● 自律神経不安定症、ストレスによる諸症状（睡眠障害、うつ状態など）
● 病後回復期
● 疲労回復、健康増進

（環境省の資料による）

図７　療養泉の一般的適応症（浴用）

泉質別適応症

泉質	浴用	飲用
単純温泉	自律神経不安定症、不眠症、うつ状態	—
塩化物泉	きりきず、末梢循環障害、冷え性、うつ状態、皮膚乾燥症	萎縮性胃炎、便秘
炭酸水素塩泉	きりきず、末梢循環障害、冷え性、皮膚乾燥症	胃十二指腸潰瘍、逆流性食道炎、耐糖能異常（糖尿病）、高尿酸血症（痛風）
硫酸塩泉	塩化物泉に同じ	胆道系機能障害、高コレステロール血症、便秘
二酸化炭素泉	きりきず、末梢循環障害、冷え性、自律神経不安定症	胃腸機能低下
含鉄泉	—	鉄欠乏性貧血
酸性泉	アトピー性皮膚炎、尋常性乾せん、耐糖能異常（糖尿病）、表皮化のう症	—
含よう素泉	—	高コレステロール血症
硫黄泉	アトピー性皮膚炎、尋常性乾せん、慢性湿疹、表皮化のう症（硫化水素型については、末梢循環障害を加える）	耐糖能異常（糖尿病）、高コレステロール血症
放射能泉	高尿酸血症（痛風）、関節リウマチ、強直性脊椎炎など	—
上記のうち二つ以上に該当する場合	該当するすべての適応症	該当するすべての適応症

（環境省の資料による）

図８　泉質別適応症

▽**単純温泉**　溶存成分が、１キログラム当たり１０００ミリグラム未満だが、源泉が２５度以上ある温泉。刺激は弱く穏やか。

▽**塩化物泉**　ナトリウム—塩化物泉（食塩泉）は保温効果があり、よく温まる「熱の湯」。作用は穏やかで、高齢者や病後に適している。飲むと胃液の分泌を整え、腸の運動を活発にさせるため「胃腸の湯」とも呼ばれる。カルシウム—塩化物泉なども。

▽**炭酸水素塩泉**　ナトリウム—炭酸水素塩泉（重曹泉）は、皮膚からの放熱を高め清涼感をもたらす「冷の湯」。肌がすべすべする「美人の湯」でもある。飲用すると胃酸を中和し、胃の活動を

活発化させる。胆汁の分泌を促すため「肝臓の湯」ともされる。カルシウム（マグネシウム）―炭酸水素塩泉（重炭酸土類泉）も。

▽**硫酸塩泉**　陽イオンの種類によりナトリウム―硫酸塩泉（芒硝《ぼうしょう》泉）、カルシウム―硫酸塩泉（石こう泉）、マグネシウム―硫酸塩泉（正苦味《せいくみ》泉）、アルミニウム―硫酸塩泉（明ばん泉）など。浴用の効果は塩化物泉と同様とされるが、飲用を含め陽イオンの種類により違いも。

▽**二酸化炭素泉**　入浴すると気泡が付着する「泡の湯」。低温だが、保温効果がある。末梢血管を拡張させることから、心臓に負担を掛けずに血液循環を促進し、血圧も下げる「心臓の湯」。ガス中毒、酸欠に注意。

▽**含鉄泉**　空気に触れると赤褐色に変化。よく温まり、造血作用も。

▽**酸性泉**　ほとんどが火山性。酸味があり、酸度が高いと肌にしみる。殺菌作用が強いが、刺激も強い。

▽**含よう素泉**　古い時代に地下に埋もれた海藻に由来する。飲用すると総コレステロールを抑制。甲状腺機能亢進症の人は禁忌。

▽**硫黄泉**　強い殺菌作用を持つ刺激的な湯。炎症反応を抑制するほか、抗アレルギー作用があり、低濃度では疼痛《とうつう》、かゆみを鎮める。硫化水素は、末梢血管を拡張する。飲用すると緩下作用、血糖値降下作用。入浴中に湯から蒸発する硫化水素の吸入で痰《たん》の切れがよくなるため、「痰の湯」と言われる。ガス中毒に、ことに注意が必要。

▽**放射能泉**　オーストリアなど欧州で、抗炎症作用、鎮痛作用が認められ、吸入による気管支ぜんそく、慢性気管支炎など呼吸器疾患にも有効との報告もある。

温泉を訪れたら、ぜひ成分分析書を見て、参考にしていただきたい。次項では、酸性泉とアルカリ性泉について紹介しよう。

コラム　**泉質名つけられない温泉も**

温泉法による「温泉」の条件を満たしながら、泉質名を付けることができないケースが存在する。たとえば、法で決められた必要条件のメタケイ酸を規定量以上含んでいるため「温泉」と認められるが、溶存物質量総量が泉水1キロ中1000ミリグラム未満、湧出温度も25度未満などのケース。

鉱泉分析法指針の療養泉の条件にメタケイ酸による規定がなく、療養泉と認定されるには溶存物質総量も少なく、泉温も低いためだ。療養泉と泉質名が一体であることから生じる事態で、温泉法と鉱泉分析法指針の二重構造によるものでもある。

酸性の湯とアルカリ性の湯

pHによる分類

前項で少々触れたが、環境省の鉱泉分析法指針は、湧出時の液性（pH値＝水素イオン指数）によって、酸性の湯、アルカリ性の湯の分類を設けている。あらためて図9をご覧いただきたい。酸―アルカリといえば、子どもの頃にリトマス試験紙を使った理科の実験を思い出す人も多いだろう。pH7が中性で、数値が低くなれば酸性に、高いほどアルカリ性に傾く。

同指針では、pH3未満を酸性、pH8・5以上をアルカリ性としているが、pH2以下の極めて酸性が強い湯を強酸性、同様にpH10以上を強アルカリ性と呼ぶこともある。

pHによる温泉の分類

アルカリ性泉	8.5以上
弱アルカリ性泉	7.5~8.5未満
中性泉	6.0~7.5未満
弱酸性泉	3.0~6.0未満
酸性泉	3.0未満

図９　液性による鉱泉の分類

液性も、入浴時の肌の感触、飲用時の味覚、医学的効用など泉水の個性につながる。酸性泉、アルカリ性泉の周辺を追ってみた。

酸性泉は、ほとんどが火山に由来することから、火山列島・日本では目に付く泉質の一つだ。大部分は硫酸によるもので、塩酸によるケースは、秋田県の玉川温泉など数は少ない。硫化水素、アルミニウム硫

写真39　日本で最も酸性度が高い玉川温泉（秋田県仙北市）の源泉。荒涼とした「地獄」に、大量の湯が湧き出している

酸塩（明ばん）、鉄硫酸塩（緑ばん）を含むことが多く、刺激性が強いのが特徴だ。

酸性度日本一、玉川温泉

酸性度の日本一は玉川温泉（写真39）で、酸性―含二酸化炭素・鉄・アルミニウム―塩化物泉。成分分析書によるとｐＨは１・１３（１・０５との調査報告もある）。源泉１００％の湯船に、何度か入浴した経験がある。金属を入れれば水素が発生するような湯は強烈で、肌がひりひりし、小さな傷もしみる。目に入ると、痛くて開けていられない。口に含むと酸っぱく、せっけんの泡は立たない。

川湯（北海道）、酸ケ湯（青森）、蔵王（山形）、草津（群馬）、塚原（大分）などの温泉も同様だ。

酸性泉は、殺菌作用や刺激性が強いことから、乾せん、水虫、ウルシかぶれ（接触性皮膚炎）をはじめとする皮膚病、トリコモナス膣《ちつ》炎などの治療や改善に利用されてきた。草津温泉では、皮膚症状を伴う梅毒への適応も盛んだった。近年は、アトピー性皮膚炎にも有効とされている。一方、「体への作用が強いため、体に揺さぶりをかける刺激療法・ショック療法の側面も持っていた」と阿岸祐幸・北海道大名誉教授は言う。

肌の弱い人は、わきの下、足の付け根、へその周囲などがただれることがあり、湯あたりにも注意が必要だ。

写真40　アルカリ度日本一の白馬八方温泉「おびなたの湯」（長野県白馬村）。訪ねたのは4月早々だが、周囲の山々や露天風呂の脇には残雪があった

アルカリ性泉とぬるぬる感

アルカリの湯は、皮脂（不飽和脂肪酸）と反応して肌の表面でせっけんのような物質をつくるため、ぬるぬる、すべすべとした感触を生み出す。美人の湯（美肌の湯）が、アルカリ性泉に多いのはこのためだ。ことに、ナトリウム―炭酸水素塩泉（重曹泉）には美人の湯が多い。

日本で最もアルカリ度が高い湯は、長野県白馬村の白馬八方温泉（アルカリ性単純温泉）だ。まだ雪が残る4月初旬、

写真41　心安らぐ下條温泉「月下美人」（長野県下條村）の露天風呂。pH9.6のアルカリ性単純硫黄泉だ

「おびなたの湯」（写真40）と「八方の湯」に入った。3本の源泉を混ぜているというが、pHは11・6と驚異的だ。無色透明だが、肌がぬるぬるする「うなぎの湯」を実感した。

アルカリは何に由来するのか。甘露寺泰雄・中央温泉研究所専務理事は、「花こう岩などが関わっていることが多い」と解説する。白馬八方温泉は、蛇紋岩層から湧き出ている。

甘露寺さんは、「アルカリの湯は、一般的に温度はそう高くない。溶存物質の量も少なく、単純温泉（泉水1キログラム中の溶存物質が1000ミリグラム未満だが、温度が25度以上）が多い」と言う。単純温泉のうち、特にpH8・5以上をアルカリ性単純温泉と呼んでいる。

温泉入浴後は、付着した成分の効用から、体を洗い流さない—のがセオリー。だが、強酸性泉は皮膚への刺激が強い。一方強アルカリ性泉は、肌が、がさがさになりかねない。「このような湯の場合、肌が弱い人は真湯などで洗い流した方がいい」と甘露寺さんはアドバイスしている。

4章　放射能泉の真実

微量なら体にいいいか

ラドンを含む放射能泉は、環境省の鉱泉分析法指針で効能がうたわれる泉質の一つだ。医学的データを踏まえ、「放射線は有害だが、微量（適量）ならば逆に体にいい」とする放射線ホルミシス説に依拠している。一方、国際放射線防護委員会（ICRP）は「放射線には、閾値《しきいち》（影響が出始める最低限の量）がなく、微量でも有害」とする。

福島第1原発事故を受け、市民の放射能への関心が高まる中、微量とはいえ放射能を含む温泉をどう捉え、利用していけばいいのか。まずは効能を示すデータについて。

放射線ホルミシス説とは

日本の放射能泉のほとんどは「ラドン泉」で、地中の花こう岩に由来する。環境省の鉱泉分析法指針は、「浴用によって、高尿酸血症（痛風）、関節リウマチ、強直性脊椎《せきつい》炎などに効果がある」と

写真42　バードガスタインは、高山性気候の風景明媚な温泉健康保養地だった。右側の美しい山の標高は約２６００メートル

図10　バードガスタインの地図

している。

その根拠になりそうな放射線ホルミシス説は、1982年に米国ミズーリ大のトーマス・ラッキー教授によって提唱された。阿岸祐幸・北海道大名誉教授（温泉健康保養地医学）は「ホルミシスとは、ホルモンと同じ語源であるギリシャ語のホルモ（刺激する、促進する）に由来する」と解説。いくつかの臨床データを紹介してくれた。

ドイツのプラッツェル・元ミュンヘン大教授は、頸椎《けいつい》脊椎症によって強い疼痛《とうつう》がある患者に3週間の温泉療法を行った際に、無作為に21人ずつのグループに分け、それぞれ放射能泉入浴と水道水入浴を実施した。そして、皮膚の上から決まった筋肉に圧力を加えて痛みを感じ始める圧を評価した結果、放射能泉入浴のグループは、水道水入浴群に比べて痛みが明らかに改善し、それが4カ月続いたことを確認している。患者の主観に基づく自己申告でも、同様な結果となった。

温泉は、色、匂い、肌触り、味などの特徴を持つことが多いため、「ある泉質」と「ただの水」を、予断なく比較して科学的データを得る「二重盲検法」は難しい。だが、阿岸さんは「対象としたラドン泉は、無色で無味無臭。肌触りも普通の水とあまり変わらないため、このような試験（二重盲検法）が可能になった」と語る。

一方、オーストリア・インスブルック大のヘロルド博士とギュンター博士は、リウマチ患者を対象に慢性関節痛に対する放射能泉治療（3週間）を実施。70％で関節運動能力が改善され、薬剤の服用量を減少することができた―と報告している。「この試験でも、治療効果が長期間持続している」と阿岸さんは話す。

写真43　オーストリア・バードガスタインの洞窟療法。医療スタッフが巡回している＝ファルケンバッハ教授提供

オーストリアで洞窟療法を体験

だいぶ前のことだが、オーストリア南部のバードガスタインを訪れ（図10・写真42）、ラドンガスを含んだ水蒸気が充満する廃坑（金鉱跡）で「洞窟療法」を体験した（写真43）。トロッコ電車で15分ほど揺られて到着した高温多湿な治療空間に、50分間横たわるのだ。

メディカルディレクターだったファルケンバッハ博士（現フランクフルト大教授）は、「脊椎症・関節リウマチ・変形性関節症などの運動器系疾患、気管支ぜんそく・慢性気道障害・肺気腫《きしゅ》などの呼吸器系疾患に効果がある」と解説した。同博士は、北海道大病院登別分院（現在は閉院）への留学経験もあり、ラドン泉について多くの論文を発表。国際的に評価されている。

日本でも、岡山大病院三朝《みささ》医療センター（鳥取県三朝温泉）のグループが、気管支ぜんそく、変形性関節症などの治療にラドン泉熱気療法を導入している。

がんは？　痛風は？　議論続く

「がんに効く」とも言われるが、前田真治・国際医療福祉大教授（温泉医学）は、「具体的な臨床データなど、根拠や確証はない。ただ、温熱効果によって、免疫力が上がることは考えられる」としている。

また放射能泉は、尿酸排せつ作用があるとされ、「痛風の湯」と呼ばれていた。しかし、阿岸さんは「飲用については、欧州では否定され、飲泉の処方対象からも外れている」と言う。一方、「浴用による尿酸排せつ効果は、動物実験では確認されている」と前田さん。環境省による適応症（浴用対象）への記載は、こうした結果を踏まえてのことだ。前田さんは「放射能泉は、まだまだ分からないことが多い。さらなる研究、論議が必要」と指摘する。

一方、徳永昭行・日本温泉地域学会理事は、「放射能泉そのものは、五感に訴えるような実体がなく、〝単なるわき水〟との区別がつかない上、温度が低いものがほとんど。だが、古くから経験的に利用され、効能が知られていた。信玄の隠し湯として知られる増富温泉（山梨県北杜市）は、その象徴」と話している＝口絵10参照。

コラム　ラドンと放射能泉

狭義のラドンは、ウラン由来のラジウムが崩壊することで生成される物質で、元素記号はＲｎ。常温では気体で、自らもアルファ線を放出して崩壊する。半減期は３・８日。

環境省の鉱泉分析法指針によると、治療目的になりうる泉質名「放射能泉」が付くためには、温泉水１キログラム中に１１１ベクレル以上のラドン含有が求められる。日本では古くから、温泉の放射能濃度としてマッヘ単位が使われており、その場合のラドン含有量は８・２５マッヘ単位以上。放射能泉のうち、５０マッヘ単位未満を「弱放射能泉」、５０マッヘ単位以上を「放射能泉」と呼んでいる。

１マッヘは、約１３・５ベクレル。

効能のメカニズム

放射能泉（ラドン泉）での温泉療法は、入浴や飲泉、岩盤浴に加え、ラドンガスが霧状に溶け込んだ部屋での高濃度熱気浴や吸入が中心だ。微量の放射線は体にいいという「放射線ホルミシス説」のメカニズムは、いまだ不明な部分が多いが、医科学的側面から追ってみた。

肺や皮膚などを通じて体内に

ラドンが出すアルファ（α）線は粒子で、電磁波であるガンマ（γ）線などに比べて物質を通り抜ける力が弱く、紙1枚で止まってしまうのが特徴。入浴では、皮膚の表面で停止すると考えられる。アルファ線に伴うエネルギーが皮膚にどのように作用するかは未解明の部分が多いが、阿岸祐幸・北海道大名誉教授は「ラドンは脂肪に溶けやすいため、皮脂を介して皮膚から吸収される」と言う。

ラドンは常温では気体の状態で存在する。ビールに含まれる炭酸ガスと同様に冷たい水の方がより多く溶け込み、温度が上がると空気中に逃げてしまう。一方、皮膚からの吸収は泉温が高く、皮膚の血流量が多いほど増える。「31度の入浴に比べ、38度では5倍も多く吸収されるというデータがある」と阿岸さん。

一方、甘露寺泰雄・中央温泉研究所専務理事は、「日本の放射能泉のほとんどはラドン泉で、低温泉が圧倒的に多い。加熱すれば空気中に出てしまい、浴槽で放射能泉の基準を満たすケースは少なくなる。〝ただの水〟に入っているようなことも生じかねない」と問題提起している。

そうした意味で、浴槽上部や浴室内、高濃度熱気浴の空間に漂っているラドンガスは重要だ。皮膚に比べて肺からの吸収量が最も多いとされる。湯治の面影が残る増富温泉（山梨県）では、浴室の一画に「吸入室」があり、入浴者が熱源に温泉水を直接かけて、蒸気を発生させていた。呼吸器を通して体内に入ったラドンは、血液によって全身に運ばれる。飲泉の場合

写真44　湯気に煙る東山ラジウム温泉（岐阜県中津川市）の浴室。ラドンは気体のため、空気中にも含まれる

写真45　新潟県阿賀野市にある五頭温泉は、弱放射能泉。「清廣館」の建物は、１９２８（昭和３）年の竣工で国登録有形文化財だ

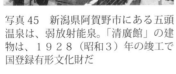

も、消化器を通して体内に取り込まれる。肺、消化器からは「体内被ばく」となる。ちなみにラドンの物理的な半減期は3・8日と短い。

免疫作用向上や抗酸化作用を示す

阿岸さんによると、皮膚に入ったラドンは上皮のランゲルハンス細胞に働き、全身の免疫作用を高める。体内では、特に脂肪の多い副腎皮質、ひ臓、中枢神経系の髄しょう、赤血球、皮下脂肪などに集まる。「関節リウマチ、変形性関節症、筋肉痛などの運動器疾患、神経痛への鎮痛効果は、(ラドンが)特に親和性が強い神経の髄しょうに作用することに加え、脳の下垂体を刺激して、副腎皮質ホルモン(ステロイド)の分泌を促すためとされる。さらにベータ(β)エンドロフィン、エンケファリンなど脳内麻薬の分泌を高めることも一因とみられる」(阿岸さん)。

一方、岡山大のグループは、三朝《みささ》温泉(鳥取県)で行われている高湿度でのラドン泉高濃度熱気浴治療について研究。変形性関節症や気管支ぜんそくの症状が改善するメカニズムについて、「放射能泉の安全に関するガイドブック」(健康と温泉フォーラム・2012年)にまとめている。

その一つは免疫機能の亢進だ。だが、自分自身を敵と見なして攻撃してしまう気管支ぜんそく(自己免疫疾患の一つ)に対しては、抑制的に作用するとし、「免疫を調整する機能を高めることが示唆できる」と分析している。さらに気管支れん縮に関わり、ぜんそく発作を引き起こすヒスタミンの値も有意に減少した。

また、スーパーオキシド・ディスムターゼ（SOD）など、体内の抗酸化物質の活性化がみられ、総コレステロール、過酸化脂質量も明らかに減少した。

炎症抑制・高血圧対応・糖尿病抑制か

モルヒネのような作用をするベータエンドロフィンと、炎症を抑える糖質コルチコイドの産生を促す副腎皮質刺激ホルモンの値も有意に増加。同書は、「疼痛《とうつう》の寛解に関与しているようだ」と評価づけている。

さらに、血圧上昇に関わるホルモン（バソプレッシン）の値が減少、血管拡張作用があるポリペプチドの値も増加したとして、高血圧への効能もうかがわせる。

放射線ホルミシスに関しては、温泉水以外の手法でも研究されている。動物実験や試験管レベルだが、がん抑制遺伝子の活性化や遺伝子損傷修復の促進に加え、有害だったり不要になったりした細胞を排除する「アポトーシス」にも関与するほか、糖尿病抑制などの報告がある。

こうした中で阿岸さんは、「人を対象にしたデータは、まだ不十分だ。放射能泉という、泉質にこだわっての研究が望まれる」と指摘した。

被ばくのリスクは?

2011年に起きた福島原発事故は、核技術の安全性に加え、事故に伴う放射線被害や社会的混乱といった問題を改めて突き付けた。2016年は、旧ソ連のチェルノブイリ原発事故から30年。放射能に対する市民の関心は高い。効能が望めるとされる放射能泉（ラドン泉）の安全性はどうなのだろうか?

ラドン泉による被ばく線量

国連科学委員会によると、私たちが日常生活で受ける被ばく線量は、世界的には年平均2・4ミリシーベルト。その約半分はラドンの吸入によるもので、空気中や土壌、建材に使われる石などに由来する。ただ、地域差は大きく、前田真治・国際医療福祉大教授（温泉医学）は「日本人のラドン被ばく線量は、年間0・5ミリシーベルトほどで、世界平均の半分程度。日本列島は、地質学的に古代岩石層が少ないためとされる」と言う。

一方、欧米では、ラドンの肺がんへの影響も論じられている。ラドンを多く含む石造りで、気密性の高い家屋で日常生活を送ることなどから、米国環境保護庁は、ラドン関連の肺がんによる死者数を年間約2万1千人と推計している。

　では、ラドンを含む放射能泉の影響はどうか。日本温泉気候物理医学会が、環境省の委託を受けて2005年度に行った「ラドン泉についての調査」がある。ラドン泉の分布や医学的文献調査、現地調査などが中心で、現地調査は、増富温泉（山梨県）、三朝温泉（鳥取県）、玉川温泉（秋田県）で実施した。

　この中で最も強い放射能泉・増富温泉では、浴槽40分、休憩室1時間、脱衣所20分間の利用で、被ばく線量は2・352マイクロシーベルトと推計された。これを1年間、毎日続けると0・85848ミリシーベルトになる（ミリシーベルトはマイクロシーベルトの千倍）。調査の中心を担った前田さんは、「この値は、国際放射線防護委員会による一般人の被ばく年間限度量1ミリシーベルトに達しない。安全に入浴できると考えられる」と結論づけている。

　一方、放射能に詳しい堀内公子・元大妻女子大教授は、放射能泉として知られる村杉温泉（写真46、新潟県）、増富温泉、三朝温泉で、浴室内に1時間（浴槽には30分）滞在して、

写真46　放射能泉で知られる村杉温泉「長生館」（新潟県阿賀野市）を訪れたときは雪景色。無色透明な湯につかった

温泉水を180ミリリットル摂取したと仮定した場合の被ばく線量を計算。「最も被ばく量が多い増富温泉でも、胸部エックス線撮影の12分の1に満たない」と報告している＝健康と温泉フォーラム「放射能泉の安全に関するガイドブック」。

「健康上は問題ない」が主流

藤田保健衛生大などのグループも、極めて強い放射能泉として知られる湯之島ラジウム鉱泉保養所（岐阜県中津川市）で、湯治客と従業員の被ばく線量を分析し、「温泉科学」第55巻（2006年）にまとめた。細かい内容は省くが、この結果「健康上は一般環境中のラドンによる影響と大差ないと推定されることがわかった」と記している。

一方、前述の環境省委託調査で「国内のラドン泉に関する医学的文献」を担当した久保田一雄・群馬温泉医学研究所長（元群馬大病院草津分院長）は、「ラドン泉地域の住民らに、がんなどの発生頻度が増加している―といった報告は見当たらなかった」と言う。海外の文献を分析した前田さんも同様の見解だ。

また、岡山大の温泉研究所に勤めていた御船政明さん（故人）は、「放射能泉と三朝温泉」（「温泉科学」31巻、1981年）で「三朝温泉地に多年生活し、温泉入浴、温泉水飲用を行ってきた住民についての疫学的検討からRn（ラドン）による障害は認められていない」と報告している。

コラム

ラドン、風呂出て20分でほぼ排出

体内に取り込まれたラドンは、約6割が肺（呼気）、4割ほどが皮膚（汗）、さらにわずかではあるが腎臓（尿）からも排出される。ラドンの半減期は3・8日だが、入浴後に体内にはどのくらいとどまっているのだろうか。

泉水1キログラム中に415ベクレルのラドンを含む放射能泉（37~39度）に20分間入浴し、呼気中のラドンの変化を測定したドイツの実験データがある。それによると、出浴後20分でほぼ体内から排出されている＝図11。

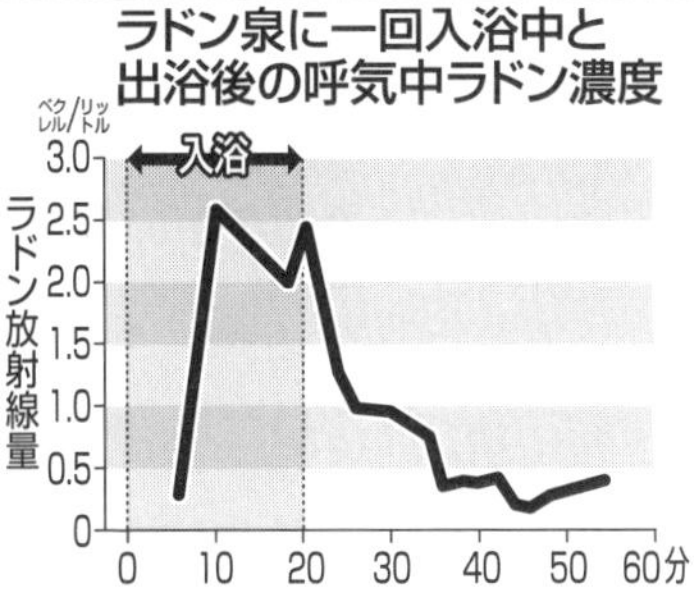

図11　出浴後の呼気中のラドン濃度（グラフ）

日本の鉱泉分析法指針は、111ベクレル以上を放射能泉としていることから、実験に使われた415ベクレルは結構な数値といえる。

欧州の温泉療法に詳しい北海道大名誉教授の阿岸祐幸さんは、「ラドン泉に入浴することによって、特別に強い放射線を浴びるわけではない。また、短時間で体外に排出されることからも、危険性はないと考えられる」としている。

誕生の仕組みと国内の分布

放射能泉はどんな仕組みで湧出し、日本国内ではどう分布しているのか。専門家の話を交えつつ紹介し、この項の締めくくりとしたい。

温泉は、湧出の母体となる岩盤や土壌、熱だけではなくガス成分も発するマグマなどの地質条件の違いによって、含まれる成分が異なる。

西日本に圧倒的に多い

中央温泉研究所（東京都）の滝沢英夫研究員（地球化学）によると、ラドン泉は花こう岩に由来する。マグマが地下深くでゆっくり冷えて固まった火成岩だが、同じ花こう岩でも日本列島の東西で種類の違いが見られ、それが放射能泉の分布に関わってくると滝沢さん。「放射能泉（ラドン泉）は、西日本に圧倒的に多く、東日本には少ない」と解説する。

環境省の委託事業（２００５年度）で、ラドン泉の分布図を作った前田真治・国際医療福祉大教授は、岐阜県から西にかけ、ほぼ帯状に二つの分布域があると指摘する。一つは岐阜県から淡路島にかけての中部・近畿地方、もう一つは岡山から福岡にかけての瀬戸内海沿いの地域だ。いずれも温度の低い単純ラドン泉がほとんど。一方、ラドン濃度が比較的高い山梨県の増富温泉、新潟県の

図12　ラドン泉の地域分布（地図）

村杉温泉と栃尾又温泉、鳥取県の三朝温泉はこうした分布から外れると報告している＝図12。

泉温が低いのは、湧出母体の花こう岩がすでに生成期の温度を失っているためと考えられている。滝沢さんによると、温度が高い放射能泉は、三朝温泉、関金温泉（鳥取県倉吉市）など数が少ない。一方、ラドン濃度の違いは、花こう岩の種類のほか、風化の程度にもよるとされる。

ラドン濃度の高い地下水とお酒

放射能泉とその周辺を巡る話題を二つ取り上げよう。

広島県には花こう岩が広く分布し、ラドン濃度の高い地下水が多い。広島大大学院工学研究科のグループは、日本酒の蔵元が並ぶ広島県東広島市西条で、「仕込み水」８カ所（７蔵元）のラドン濃度を月１回２年間にわたって測定した。平均値は、１リットル（１キログラム）あたり１６０ベクレルで、同１１１ベクレル以上という放射能泉の基準を満たしていた。

由緒ある仕込み水のいくつかは「放射能泉」であり、温泉水で酒造りということになる。ただ、ラドンの半減期は３・８日と短く、さらに気体であることから、酒に仕上がる時点では放射能は含まれていない。

ラジウム温泉を体験する

私が住んでいる長野県には放射能泉は数少ないが、境を接する岐阜県東部は放射能泉が集中して多いことで知られる。甘露寺泰雄・中央温泉研究所専務理事らによると、同県の苗木地方（中津川市一帯）では、かつて放射能泉の湧出母岩である花こう岩やペグマタイト（結晶が大きい花こう岩）を腕輪にはめ込み、「健康バンド」として販売していたという。1950～60年代とみられるが、放射性鉱物・花こう岩の産地ならではのことである。

その中津川、恵那両市に点在するいくつかの放射能泉を訪ねた。まずは中津川市。苗木城は、巨大な自然石を巧みに取り込んだ山城だった。この城跡に立ち寄り、眼下に木曽川を望む苗木温泉「かすみ荘」（弱放射能泉）に向かう。素朴なたたずまいの宿で、湯船の蛇口をひねると、新鮮な湯が流れ出て来た。

写真47 「ローソク温泉」と呼ばれる湯之島ラジウム鉱泉保養所（岐阜県中津川市）の門柱は、ローソクをかたどっていた

さらに観音像が鎮座する東山ラジウム温泉へ。やはり弱放射能泉で、入り口には飲泉場もあった。

圧巻は、日本有数のラドンを含む湯之島ラジウム鉱泉保養所。数カ所の源泉があるが、1号泉は556マッヘ単位（7506ベクレル）という極めて高濃度のラドンを検出したとされる。湯治の伝統が強く、俗化させないため1983年までローソクを光源としていたことから「ローソク温泉」と呼ばれている（写真47）。

恵那市に入り、「恵那ラヂウム温泉館」へ。緑あふれる広い敷地の中に一軒ずつの離れ宿が点在、静寂の中でのんびりとした時を過ごすことができる。岐阜県東部の放射能泉は、瑞浪市、土岐市へとつながっている。

5章　湯治の原点　そして今

ワンクール7日のリズム

温泉には、休養、保養、療養の三つの効果が望めるとされる。休養は、日々の生活で蓄積した心身の疲労を回復するための1～2泊の温泉行き。保養は、日常から離れて体調を整えたり、健康増進や体力づくりをしたりするための1～3週間程度の滞在だ。療養は医療としての温泉の活用で、やはり1～3週間ほどの逗留《とうりゅう》が求められる。農閑期、漁閑期、寒の時期などに行われた日本古来の湯治は、この保養と療養の要素を持っていた。こうした湯治の原点を医学的側面から探るとともに、「現代版湯治」について考えてみたい。それは、今もなお欧州で健康保険の対象となっている温泉健康保養地医学に重なるからだ。

湯治は「1巡り7日」が多い

長期滞在型の温泉保養・療養によって、ホルモンの分泌、血圧、心臓の拍動数、基礎代謝量、血中中性脂肪や血糖値などが、およそ7日周期のリズムで正常化していくことが、ドイツの生理学者ヒルデブラント博士や阿岸祐幸・北海道大名誉教授（温泉健康保養地医学）らによって突き止められている。この変化は、療養開始によって誘発されるもので、月～日曜といった社会生活や社会習慣に伴う「1週間のリズム」とは同調しない。温泉療養のスタートが何曜日であっても、独自にほぼ7日周期で揺れ動くのだ。

地球上のあらゆる生きものは、さまざまな生体リズム（体内時計）に乗って生活している。最も身近なのは、約1日周期で睡眠・覚醒、体温、ホルモン分泌などが変動する「概日リズム」だ。このほか、女性の生理、動物の繁殖、鳥の渡りなども、約1カ月、数カ月から1年の生体リズムに乗っている。こうした体のリズムの研究は時間生物学と言われる。昼夜交代勤務に象徴される「24時間社会」での睡眠障害や体調不良、海外旅行に伴う時差ぼけ、投与時刻による薬の効き方の違いなどで大きくクローズアップされている研究分野だ。

写真48　湯治の面影を色濃く残す岩手県北上市の夏油（げとう）温泉。夏油温泉観光ホテルの内湯にも、レトロな世界が広がっていた

古くからの湯治は、1巡り7日の単位が多かった（写真48・49）。2週間は2巡り、3週間は3巡りだ。必要以上に長く逗留しても、

「なれ」という現象が生じ効果がなくなるとされた。欧州の温泉保養地医学も「ワンクール7日」としており、図13のように7日周期で身体の変化が見られる。学問の裏付けがなかった湯治の時代にも、経験則としてこうした療養の知恵があったことに驚かされる。

体内時計の歪みを整える

温泉療養による生体リズムの調整は、「温泉水」（入浴の繰り返し）に加え、「温泉地」の自然環境・

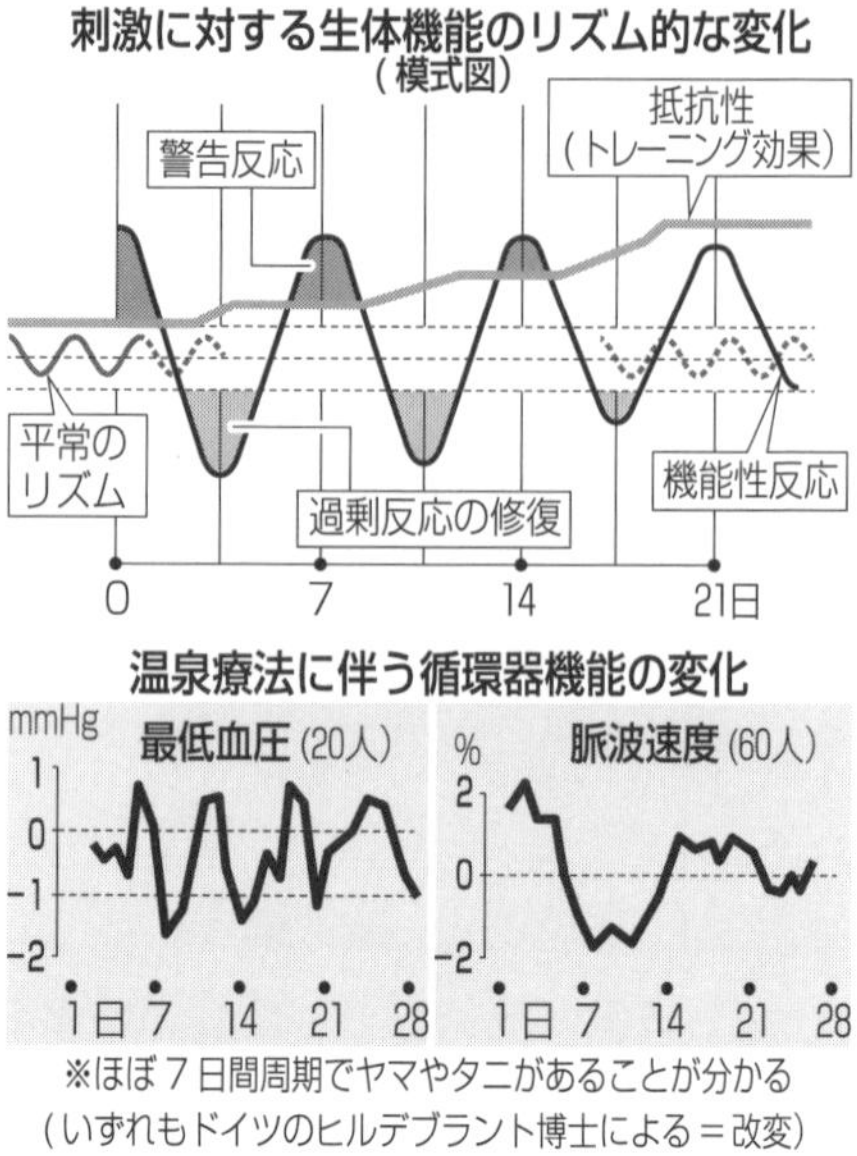

図13　刺激に対する生体機能のリズム的な変化

写真49　後生掛温泉（秋田県鹿角市）の湯治用オンドル宿舎。通路を挟んで床が並ぶ大部屋には、入浴に使うタオルや洗ったシャツなどが干してあった

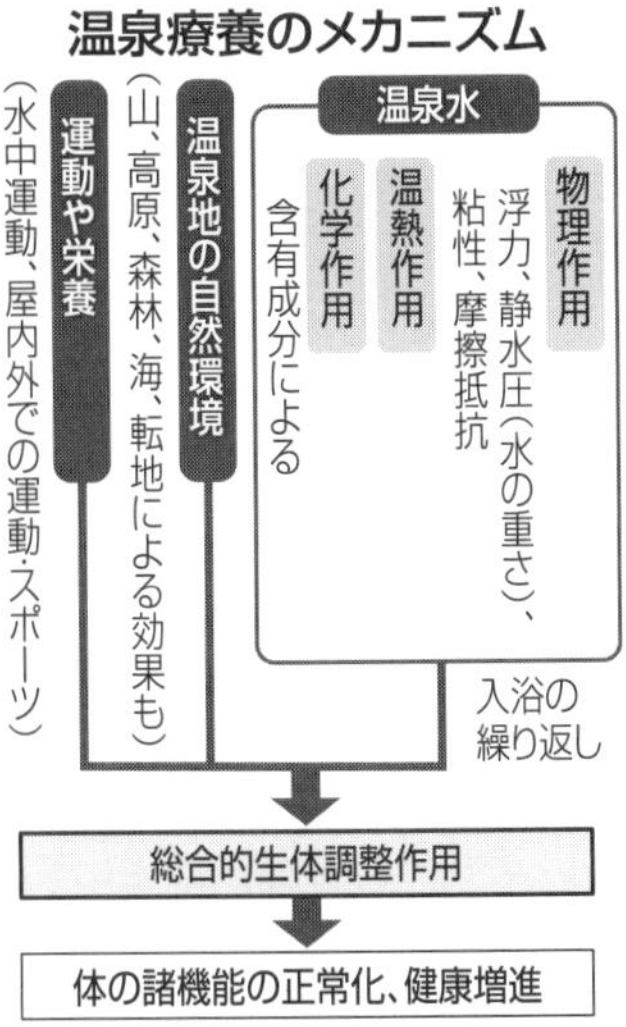

図14　温泉療養のメカニズム

転地効果や、温泉地での「運動や栄養」が、さまざまな刺激として私たちの体に働くことによって引き起こされる＝図14。「それらが、自律神経系、免疫系、内分泌系（ホルモン系）を揺さぶって、体内時計の歪《ひず》みを整える。一種の刺激療法だ」と阿岸さんは解説する。一つ一つの刺激（部分）の単純な総和ではない、いわば複雑系の医学・健康法とも言える。これを、温泉の「総合的生体調整作用」と呼んでいる。

　こうした効果は穏やかであいまいだが、不規則な生活や過度のストレスで、一見健康そうでも精神的な疲労をためてぐったりしている「半健康人」や、体のどこかに不調を抱えるお年寄りにとっては、リフレッシュや疲労回復に向いている。保養や健康づくり、美容にも効果が望める。病気を治すというよりも、「病的」な状態を修復する、あるいは西洋医学が不得意とする慢性疾患や生活習慣病、ストレス疾患などの補完代替医療という要素が強いと捉えてよさそうで、阿岸さんは「病気の予防にも最適」と言う。

コラム

湯あたりも7日周期

温泉療養によって、疲労・倦怠感《けんたいかん》、眠気、食欲の増進や減退、下痢や便秘などの胃腸障害、頭痛、動悸《どうき》、目まい、発熱、発汗などの全身症状や歯痛、咽頭炎などの炎症症状が出てくることがある。湯あたり（温泉反応）と言われ、湯治が盛んで、1日に5回も6回も入浴した時代はよく見られた。誰にも起こるものではなく、人によって症状の程度もかなり異なる。

酸性泉、硫黄泉のように刺激の強い温泉で起きがちだが、入浴をやめるか、回数を減らせば治まるとされる。北海道大名誉教授の阿岸祐幸さんは「杉山尚・東北大名誉教授（故人）やドイツの研究によって、（湯あたりは）療養開始から7、14、21日前後に多いことが突き止められている。やはり、約7日周期のリズムに乗った失調現象」と説明している。

体内時計を調整する三要素

水の物理作用を上手に利用

温泉療養によって、歪《ひず》んだ状態にある生体リズム（体内時計）が、ほぼ7日周期で整えられるという話をした。この変化をもたらす三つの要素を、具体的に説明しよう(図14参照)。温泉療養が「気候物理医学」に理論づけられるゆえんでもある。

まずは、温泉水そのものの影響だ。化学成分（泉質）や温度によって、体に有効な療養泉があることはすでに述べたが、温泉水には、さらに浮力、静水圧、粘性、摩擦抵抗などの「物理」作用がある。

浮力と言えば、アルキメデスの原理でおなじみだ。詳しい説明は省くが、体重60キロの人が首までどっぷり湯につかると、体重はその10分の1の6・1キロに低下する。頭部は体重の約7％といわれるので、その重さは4・2キロ。差し引きすると、水につかっている体の重さはたったの1・9キロとなる。

さまざまな成分を含む温泉水は、普通の水に比べて比重が高いことから、その濃度によって浮力はさらに上昇する。体が軽くなるため、広い湯船で手足を伸ばすと浮遊感を感じたり、ゆったりした気持ちになる。そうしたリラクセーション効果の一つは、この浮力によるものだ。

物理作用を上手に利用した水中運動（写真50）も、温泉療養の根幹だ。浮力で腰や膝への体重負荷が大きく減ることから、関節に無理が掛からないメリットがある。空気中では、よろめけば転ぶ危険性があるが、水の粘性には体を支える働きがあるため倒れにくい。その一方、空気より大きい水の摩擦抵抗のため、水中での運動には負荷が掛かり、筋肉を刺激する。手すりにつかまって歩くだけでも、リハビリなどに効果が望める。

写真50　泉水が持つ浮力、粘性、摩擦抵抗などの物理作用を生かしての水中運動。健康増進やリハビリに利用したい＝長野県東御市の温泉アクティブセンターで

侮れない静水圧

一方、侮れないのが、湯そのものの重さである静水圧。「立ち湯」（写真51）に象徴されるように、どっぷりと首まで湯につかる全身浴では、胸囲も腹囲も数センチ減少する。湯の圧力によって体が圧迫されて横隔膜が押し上げられるため、心臓に負担が掛かる。さらに、末梢の血管も押されるため、心臓に戻ってくる血の量が増えて心臓を圧迫する。

また、湯船から急に立ち上がると、めまいを起こすことがある。脳にも多く送られていた血液が、静水圧からの解放によって低下し、脳貧血を起こすからだ。

写真51　長野県諏訪市の片倉館にある深さ1.1メートルの「立ち湯」。製糸が盛んだった昭和初期のもので、「千人風呂」と呼ばれる

日本人は、首までどっぷり湯につかり、入浴そのものを楽しみ堪能する習慣が強い。ことに座らずに入浴する「立ち湯」は、血液循環を促進する作用がある。健康ならば大きな問題も起きないとされるが、心臓病などの循環器疾患がある人、体力の弱っている人は、静水圧への注意が求められる。寝た状態で入る「寝湯《ねゆ》」は、循環器に負担が少ない入浴法だ。また、蒸気による日本式の湿式の蒸し風呂は静水圧がなく、海外の乾式サウナに比べて温度も低いことから、心臓への負担が少ない。

豊かな自然と転地効果

二つ目の要素は、「温泉地」としての自然環境と転地効果だ（写真52）。多くの温泉地は、山、高原、緑の林、川、湖、あるいは海など、豊かな自然に恵まれている（口絵2、3、4、6参照）。さらに日常生活から離れるという、転地によるリラクセーション効果も大きい。

たとえば、信州の自然は豊かだ。すがすがしい大気、木々を渡る緑の風、紅葉、枯れ葉のじゅうたん、小川のせせらぎ、流れ落ちる滝、森林の中は穏やかな世界に満ちていて、保養地としての受

写真52　ひと昔前の雰囲気が漂う孫六温泉（秋田県仙北市）。東北地方には、こうしたセピア色の「転地の空間」が今も残る

け皿は十分にあるといえる。

山や海、標高、気候、地形など、温泉地の自然環境を巧みに療養に取り入れているのが欧州の健康保養地の伝統であり、温泉気候物理医学と呼ばれるゆえんだ。これに基づく山の温泉と海の温泉の特徴については、あらためて取り上げたい。

運動と栄養

三つ目の要素は「運動と栄養」。温泉地での散歩やハイキング、温泉プールでの運動などが挙げられる。欧州では、温泉療法の中に占める理学療法の役割は極めて重い。泉水そのものが持つ物理作用を利用した「水治療法」、蒸気吸入、泥の利用、磁気やマッサージなども加わる。

バランスの取れた食事も重要。高度成長期は、温泉地の宿で豪華な宴会料理を楽しむ時代だったが、湯治のような滞在型の保養地では、栄養バランスを考えたヘルシーな料理が基本だ。温泉地には、その土地の食材を工夫して料理を提供する受け皿づくりが求められている。

山の湯・海辺の湯　それぞれの特色

生体リズムや体の機能を整える温泉療養（療法）には、三つの要素が関わっていることを述べたが、その一つ「温泉地の自然環境」について考えたい。山の湯と、海辺の湯を取り上げ分析してみよう。

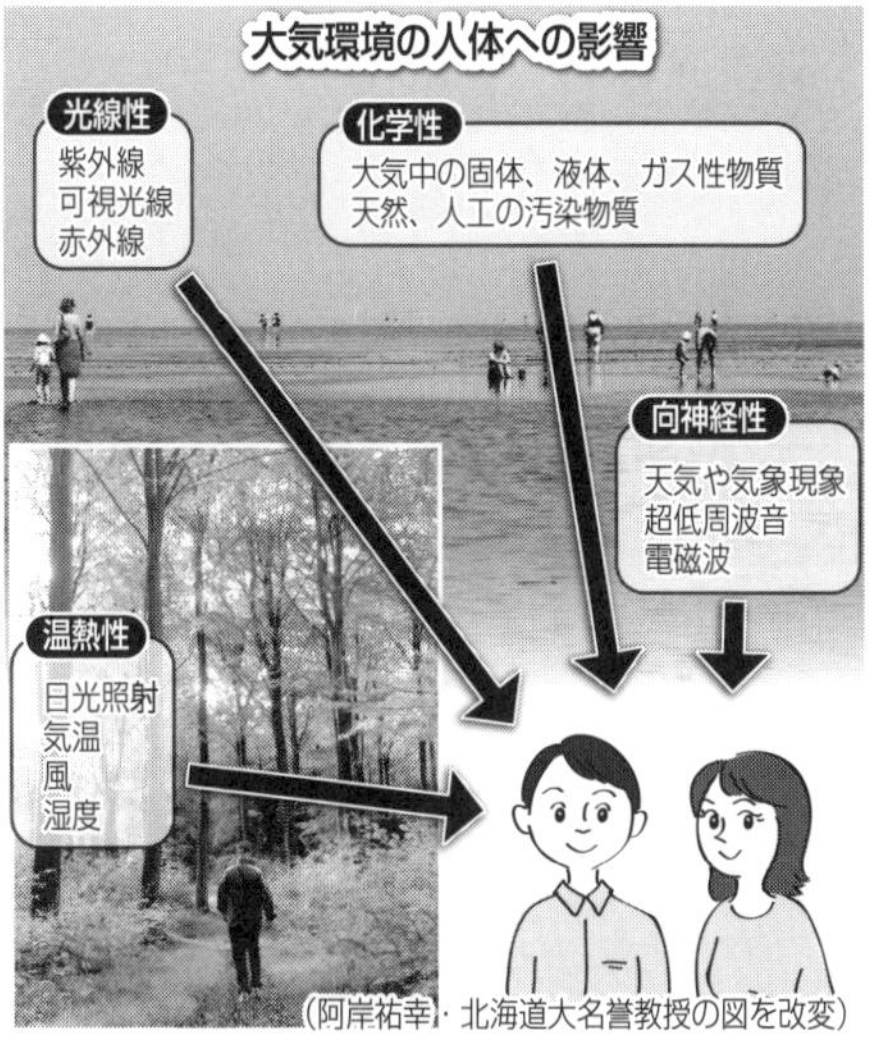

図15　大気環境の人体への影響

気候療法と地形療法

転地によって、日常生活と異なる気候風土の中で過ごす自然療法を「気候療法」と言う。図15は大気が及ぼす人体への影響だ。こうした気候因子は、温泉地が海辺にあるのか内陸にあるか、標高はどのくらいで平地・山間地・山岳か、草原か森林か、川沿いか、などで異なってくる。

欧州の温泉健康保養地に詳しい阿岸祐幸・北海道大名誉教授は「転地先の気候や地形の要素に伴って、人体は日常と異なる刺激を受ける。その

写真53　松川に沿った渓谷にある山田温泉「風景館」（長野県高山村）の露天風呂。緑のシャワーを浴びて、癒しの空間が広がる

刺激に体の機能が反応して、歪《ひず》んだ状態にある生体リズム（体内時計）や体の機能が整う」と解説する。

山国・信州の温泉地は標高差が多様で、高原や林、山岳などの自然に恵まれている。気候療法のほか、地形に伴う勾配や距離、さらに風向き、日なた・日陰などの自然環境を上手に取り入れて設計された遊歩道を歩く「地形療法」にも適している。

森林浴と樹木の効用

森林浴は、まさに「緑の露天風呂」だ。「木々の水分蒸散作用や土の湿り気によって、湿度は5～10％ほど高く、ひんやりと湿った感じがする」と阿岸さんは言う。さらに、上空が木々のこずえ（樹冠）で覆われているため、外部に比べて最高気温が低く、最低気温は高い。木漏れ日となって差し込む日の光も柔らかで、「緑のカーテン」が音を遮断・吸収してくれることから、温泉地近くでも騒音が少ない（写真53）。

樹木、ことに針葉樹が発するフィトンチッド（テルペン物質）には特有の香りがある。殺菌、防腐作用のほか鎮静効果もあり、爽やかな気分をもたらす。森林浴や遊歩道の散策を利用した気候療

写真54　雄大な日本海を望む不老ふ死温泉（青森県深浦町）の露天風呂

法に最も適しているのは、標高３００～１０００メートルの「高原性気候」だ。中山間地で、一般的に穏やかな保護性気候である。

標高が千メートルを超えると、紫外線が強まって、気温が低下し、空気も薄くなる。気候変動も大きく、刺激的な気候になるが、高度が高まると森林由来の花粉などのアレルゲンから解放される。新陳代謝が活発化するため、高地トレーニングのような心肺機能を鍛える環境に適している。

欧州の温泉療法は、温泉地の気候や地形を取り入れていることから、温泉気候医学とも呼ばれている。また、さまざまな理学療法（物理療法）も温泉療法の両輪であるため、温泉気候物理医学とも言われる。

海辺の温泉と海洋療法

海辺の温泉は、内陸に比べて気温の高低差が少なく、環境的に穏やかな所が多い。海の上には、汚染物質や不純物が少ない上、草や樹木からの植物性アレルゲンもない。海を渡る風が運んで来る海塩粒子（海の塩の粒）には、カルシウム、マグネシウム、ヨウ素など体にいい成分が含まれてい

写真55　北海に浮かぶドイツ・ノルデルナイ島での海洋療法。強風や直射日光を避けて潮風に当たるための小屋「シュトランド・コルプ」が、海辺を彩っていた

る。砕ける波も、海塩粒子をつくり出す（口絵4・写真54）。

阿岸さんは「海岸での日光浴や大気浴は、新陳代謝を高める。海風と陸風が一定の周期で交互に吹くために、リズム性の刺激を受ける」と語る。また、砂浜を裸足《はだし》で歩けば、冷たい海水に足が触れる時と、波が引いた時とが、リズム性の「冷―温刺激」となって自律神経を刺激し、調子を整えてくれると解説した。

ドイツやフランス、ルーマニアなど欧州では、海洋療法（タラソテラピー）が盛んだ（写真55）。これは、海辺での大気浴、温めた海水への入浴、海水を利用した水中マッサージや水中運動のほか、海泥や海藻のパック、海水を微粒子にして吸い込む吸入などに、理学療法、運動療法を組み入れた自然療法だ。呼吸器、皮膚、アレルギー疾患の治療のほか、リハビリ、健康づくり、美容などに応用されている。

温泉（鉱泉）は「地中から湧き出したもの」と定義されるが、海水を濃い食塩泉（ナトリウム―塩化物泉）とみなせば、海洋療法も温泉気候物理医学の一環として位置づけていいのかもしれない。

欧州の温泉健康保養地に学ぶ

15年以上にわたり、温泉医学の観点から欧州の温泉健康保養地の取材を続けている。近年は東欧圏の一部を除き、従来のように医療だけでなく、楽しみや健康づくり、美容の要素を取り入れた「テルメ」と呼ばれる入浴施設が増え、温泉利用の形態もだいぶ様変わりした。欧州の温泉療法は、前述したように気候療法、地形療法や物理（理学）療法がセットとなり、温泉気候物理医学とも呼ばれる。ハード面だけでなく、温泉療法医や医療従事者など、ソフト面の受け皿も充実している。

ドイツの古典的な温泉保養地

クアミッテルハウス（多目的治療施設）	クアハウス（交流の場）	クアパーク（公園）
◦浴槽 ◦サウナ ◦泥パック ◦泥浴 ◦プール ◦蒸気の吸入 ◦理学療法	◦レストラン ◦音楽ホール ◦ダンスホール ◦団らん室	◦遊歩道 ◦庭園 ◦野外音楽堂
◦飲泉施設	◦カジノ	◦カジノ ◦飲泉施設

図16　ドイツの古典的な温泉保養地

飲泉や炭酸ガス浴、吸入…多様な療法

ドイツなどの伝統的な健康保養地「クアオルト」は、「クアミッテルハウス（多目的治療施設）」「クアハウス（交流センター）」「クアパーク（公園）」の三つの要素で構成されている＝図16。

クアミッテルハウスには、浴槽、治療用浴槽、運動プール、蒸気の吸入装置のほか、ファンゴ（火山灰）やモール（腐植質の泥炭）を使っ

写真56　ジョッキ型の容器に温泉水を注ぐ女性。飲泉は、欧州の飲泉療法の中核の一つだ＝ロガシュカ・スラティナ温泉（スロベニア）

ての泥浴・泥パック、マッサージ、電気、磁気、水圧を利用した理学療法機器などが整っている。

飲泉療法も大きな柱だ（写真56）。チェコを中心に、ルーマニア、ブルガリアでは、ゆっくりと散策しながら飲泉するための細長い建築構造を備えた「コロナーダ」と呼ばれる美しい飲泉施設に出合った。しゃれた飲泉カップも魅力的だ（写真57）。

写真57　チェコのしゃれた飲泉カップ。取っ手の部分（中央）を手前に持って、細い口からゆっくり、ゆっくり飲む

イタリア北部のピサに近いモンテカティーニの飲泉施設は、大理石の広い回廊や水と人の関わりを描いた壁画があり豪華だ。清潔で明るかったが、大量の温泉水を飲んで強制的に下痢を起こさせ腸を洗うという独特な治療法のため、５００ものトイレが並んでいるのには圧倒された。

鉱山跡の洞窟坑内に充満しているラドン（放射性物質）を含む蒸気ガスを吸入するバードガスタイン（オーストリア）の洞窟療法については、「放射能泉」の項で述べた通りだ。また、温泉由来の１００％近い炭酸ガスを注入した袋の中にすっぽり入る「炭酸ガス浴」についても、「心臓の湯」の項で取り上げた。

写真58　クロアチアの保養地クリックベニカの国立タラソ病院で鼻の洗浄を行う患者。蒸気の吸入は、欧州の温泉・海洋療法で呼吸器・耳鼻咽喉科の疾患に盛んに行われている

写真59　ドイツ南西部にある国際的な温泉健康保養地バーデンバーデン。保養に訪れた人が、オース川に沿った緑のクアパークを散策していた

日本は、新鮮な生の魚を加工せず、しょうゆとワサビだけで食べる刺し身文化の国。温泉もタオル1枚で湯そのものを楽しむ。一方、欧州では単なる入浴だけでなく、温泉に多様に手を加えて利用している。こってりとした西洋料理を思わせる文化が反映しているようだ。

クアハウスの日欧の違い

日本のクアハウスと言えば、「多様な温泉浴槽を備えた施設」といったイメージが強いが、欧州のクアハウスの様相は、大きく異なる。そこは、交流、憩い、だんらんの場で、湯船は存在せず、食事、音楽会、ダンスなどを楽しむ。講演会、研修会も開かれ、インフォメーションセンターがあったりもする。

クアパークの規模や景観は、保養地によってさまざまだが、きちんと手入れされた花壇や芝生、樹木などが心地よい自然空間をつくり出している。どこも遊歩道が整備されていて（写真59）、ゆったりとした散策、ノルディック・ウオーキングなどの運動のほか、杖《つえ》をついてリハビリに励む人の姿も目に付く。

カジノは保養地に付きもので、クアパークの中には野外音楽堂なども点在する。滞在型の癒やしの空間には、楽しみの要素とともに重厚な文化も流れている。

周囲には、宿泊用のホテルや飲食店、商店街があり、逗留《とうりゅう》して治療、健康づくり、保養、美容を受ける仕組みになっている。このような治療や美容設備が整ったホテルも多い。

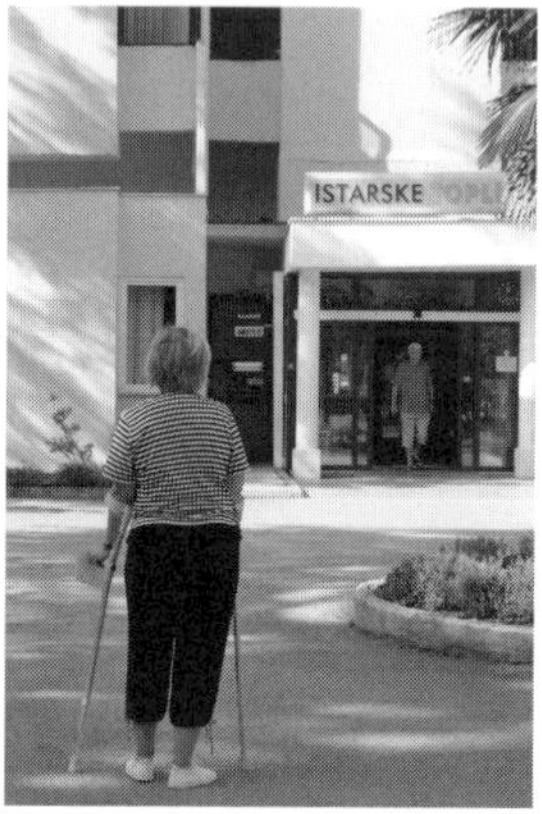

写真60　温泉療法施設が併設されたホテルの前で、リハビリに励む女性＝イストラ温泉（クロアチア）

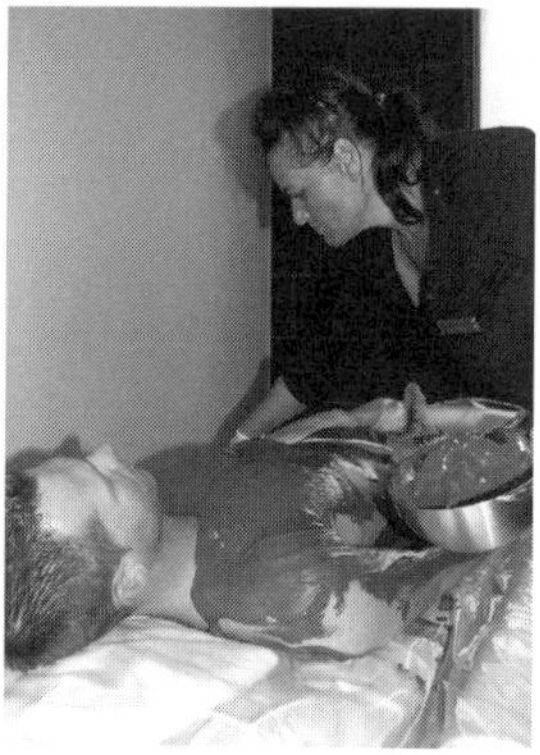
写真61　海泥による全身パックを受ける男性＝ドイツ・ノルデルナイ島

コラム

欧州各地に古代ローマ風呂の遺跡

写真62　ドイツのバーデンヴァイラーに残る古代ローマ風呂の遺跡

ドイツ、フランス、スペイン、ブルガリアなど、欧州の温泉健康保養地のあちこちで、古代ローマ風呂の遺跡に遭遇（写真62）。温泉入浴の古い歴史に思いをはせた。

ドイツ南西部に広がる「黒い森」の中にあるバーデンヴァイラーは、２０００年の歴史を持つ古い温泉地だ。円形・長方形と、大小さまざまな古代ローマ風呂の遺跡が一カ所から出土していて、見学ができるように整備・保存されている。近くにローマ軍の駐屯地があり、兵士たちがこの温泉につかったとのことだ。

また、白い石灰棚で知られるパムッカレ（トルコ）のヒエラポリスには、ローマ大浴場のほか、ローマ様式のアーチ型の門、神殿、円形劇場などの遺跡が並び、往時をしのばせる。

6章　発見伝説と日本三古湯

開湯にまつわる伝説

歴史ある温泉の多くには、開湯にまつわる伝説が存在する。湯を見つけたのは、動物や高僧、武将、日本神話の神などと多様で、複数のエピソードを持つ温泉地もある。いずれも言い伝えや神話によるもので史実と異なるが、動物や将兵が傷を癒やしたり、温泉成分が動物を引き寄せたりしたことに加え、高名な人物を使って温泉の権威づけを狙ったといった背景もありそうだ。

動物発見伝説がある温泉

最も多いのは、シラサギ、鶴、鹿、猿などの鳥獣が傷を癒やしていた、鳥が飛び立った場所に温泉が湧いていた―など、動物が見つけたという言い伝えだ＝口絵1。

鹿教湯温泉（長野県上田市）は、名の通り「鹿が教えてくれた湯」とされる。その昔、信仰心の厚い猟師が山中で一匹の鹿を射損じた。逃げた鹿を探し回り、温泉で矢傷を癒やしているのを見つけた。すると文殊菩薩が現れ、「なんじの信仰心に応え霊泉のありかを教えた。これを世に広く知らしめよ」と告げたとされる。鹿は文殊菩薩の化身であり、「文殊の湯」とも言われてきたそうだ（写真63）。

なぜ動物が見つけるのか。徳永昭行・日本温泉地域学会理事は、温泉を介した食物連鎖を想像する。たとえば、蚊は人の呼気中に含まれる炭酸ガスを感知して寄って来る。つまり、こうだ。蚊などの虫が温泉に含まれる炭酸ガスに引き寄せられる→これらの虫を食べに小動物や鳥、魚が集まる→より大きな動物の餌場となる、という連鎖が考えられるというのだ。徳永さんは「温泉スケール（沈着物）の上に、昆虫がへばりついていることがある。体に有用な塩類を吸収しているのかもしれない」と言う。

写真63　鹿によって発見されたとされる鹿教湯温泉（長野県上田市）にある鹿の像

甘露寺泰雄・中央温泉研究所専務理事は、動物発見伝説のある温泉には単純温泉は少ないとした上で、「動物たちは、何らかの癖のある温泉を感じ、餌場やミネラル補給の場として人間より先に利用していたのではないか」と指摘する。その姿が、山に入った猟師、きこり、農民らの目に留まったとも考えられる。

一方、「白い動物が見つけた」という例も目に付く。鉛温泉（岩手県花巻市）や夏油《げとう》温泉（同県北上市）、俵山温泉（山口県長門市）は白い猿、三朝温泉（鳥取県三朝町）は白いオオカミ、湯田温泉（山口県山口市）は白いキツネ、白布《しらぶ》温泉（山形県米沢市）や宝川温泉（群馬県みなかみ町）は白いタカが発見した。

石川理夫・日本温泉地域学会長は「白い動物は、まれな存在であり、薬師如来の化身とされる」と解説。「温泉に対する敬意と感謝の気持ちを込めたのだろう。温泉信仰とのつながりがうかがえる」とみている。

写真64　発見伝説にちなんで山中温泉（石川県加賀市）の共同浴場「菊の湯」前に建つシラサギの像

高僧らの名前で宣伝や権威づけも

高名な人物が見つけたとする伝説も多い。まずは、真言宗の開祖の弘法大師（空海）、民衆と歩んだ奈良時代の僧・行基といった高僧たちだ。「当時、彼らは一級の知識人。全国各地で布教や山林修行をしている間に鉱物資源の発掘をした。身を清めるため、泉水や湧水も必要だった。実際に温泉を発見したのは、無名の僧侶が大半だったのだろうが、発見伝説となると、高僧が必要になる」と石川さん。温泉の権威づけや宣伝に、高僧の名が利用されたと推測する。

作並（宮城県仙台市）、山中、山代（ともに石川県加賀市）、渋（長野県山ノ内町）、栃尾又（新潟県魚沼市）、塩江《しおのえ》（香川県高松市）などの各温泉は行基の発見とされる。大塩（福島県金山町）、法師（群馬県みなかみ町）、出湯《でゆ》（新潟県阿賀野市）、関、燕《つばめ》（いずれも新潟県妙高市）などは弘法大師空海とされ、この2人が際立って多い。蓮如による角間（長野県山ノ内町）、万巻《まんがん》の熱海（静岡県熱海市）、道智の城崎（兵庫県豊岡市）もみられる。

石川さんはさらに、「比叡山にこもった天台宗の開祖・最澄は、温泉発見伝説にほとんど登場しない。弘法大師や行基は社会事業や土木工事も行い、大衆に慕われたことから、代表的な存在になったと思われる」と解説する。

宮内省侍医だった西川義方の著書『温泉須知』（診断と治療社・1937年）は、「仏家の発見に係わる温泉」として修験道の祖とされる役行者小角《えんのぎょうじゃおづの》を含む高僧17人の名を挙げている。

神話の世界では、大己貴命《おおむなむちのみこと》（大国主命）と少彦名命《すくなびこなのみこと》の伝説が、道後温泉（愛媛県松山市）、有馬温泉（兵庫県神戸市）に残る。

武将では「信玄の隠し湯」が有名だが、古くは日本武尊《やもとたけるのみこと》、坂上田村麻呂《さかのうえたむらまろ》、源頼朝、弁慶らに由来する温泉がある。

小野川温泉（山形県米沢市）は、父を捜して東北に向かった小野小町が病に倒れた時に、薬師如来のお告げによって見つけたとされている。

「日本三古湯」を訪ねて

温泉の歴史は古く、欧州では先住民族のケルト人の時代、古代ギリシャや古代ローマ時代にさかのぼる。温泉に恵まれた日本も同様で、一般的に、道後温泉（愛媛県松山市）、南紀白浜温泉（和歌山県白浜町）、有馬温泉（兵庫県神戸市）が「日本三古湯」と呼ばれ、「古事記」や「日本書紀」などに登場する。こうした文献もたどりながら、歴史と文化の薫り漂う三古湯を紹介したい。

写真65　道後温泉本館（愛媛県松山市）の「霊（たま）の湯」。pH9.1の滑らかなアルカリ性単純温泉だ

「古事記」に見る道後温泉

日本最古の神話・歴史書である「古事記」（７１２年に献上）に登場するのは道後温泉だけだ。

木梨之軽王《きなしのかるのみこ》は、父の允恭《いんぎょう》天皇が崩じた後に天下を治めることになっていたが、同じ母を持つ妹の軽大郎女《かるのおおいらつめ》と密通したことから、伊予の国の温泉に流罪になる。妹は兄を追って伊予に渡り

写真66　これが「坊っちゃんの湯」。重厚感漂う道後温泉本館（愛媛県松山市）

再会するが、２人で死出の旅を選ぶ——。

道後温泉は古代から、天皇をはじめとする人々が訪れたことで知られる。７２０年成立の「日本書紀」には、行幸として舒明天皇（６３９年）、斉明天皇（６６１年）が来浴したとの記述がある。また、５９６年に聖徳太子が訪れ、碑を建てたとの伝承も、「伊予国風土記・逸文」に伝わる（逸文とは、他の書物に一部が引用されているだけで、完全な形では残っていない文章）。

碑文は「太陽や月は天上にあって平等に照らし、神の温泉は地下から出て公平に恵みを与える。人々は神の湯を浴びて病を癒やす…」と書かれ、伊予の温泉を天寿国（極楽）、不老不死の霊泉とたたえている。が、碑文は現存せず、「日本書紀」にも記述がないため、聖徳太子が実際に訪れたかは論議がある。

一方、「温泉神」の象徴として広く知られる大己貴命《おおむなちのみこと》（大国主命）と少彦名命《すくなびこなのみこと》の記述が、「伊予国風土記・逸文」にみられる（コラム参照）。

その道後温泉を訪ねた。夏目漱石の「坊っちゃん」に登場する共同浴場・道後温泉本館は、木造三層楼の建物で、印象通りのどっしりとした風格が圧巻だった（写真66）。1894（明治27）年の建築で、1994年には国の重要文化財に指定された。アルカリ性単純温泉。近くには、姉妹湯の椿の湯があって、はしご入浴も多いようだ。

伊予鉄道の駅と道後温泉本館を結ぶ道後ハイカラ通りには、土産品店や飲食店が並び活気があった。

温泉行幸の先駆けは有馬温泉か

写真67　有馬温泉（兵庫県神戸市）を代表する天神泉源＝金泉。天神社境内で、100度近い高温泉が湯煙を上げていた

六甲山に近い有馬温泉は、大己貴命と少彦名命が、傷ついた3羽のカラスが泉水につかり傷を癒やしたことから発見した、と伝えられている＝温泉神社の縁起。

「日本書紀」によると、舒明天皇は道後温泉を639年に訪れたと先に述べたが、有馬温泉については「631年に86日間の湯治をした」などとあり、史実として天皇の温泉行幸の先駆けともされる。鎌倉時代に書かれた「日本書紀」の注釈書「釈日本紀」には、「647年の孝徳天皇の行幸」も載る。

奈良時代には僧・行基が、衰退していた有馬温泉を再建、温泉寺を開設した。鎌倉幕府開設の頃には、僧・仁西《にんさい》が、平安時代の災害で中断していた温泉を再興。薬師如来を守る十二神将にちなんだ12の宿坊も建てられたと伝わる。

豊臣秀吉もこの地をたいそう気に入り、何度も訪ねている。江戸時代初期には、儒学者の林羅山が有馬・草津・下呂温泉を「日本三名湯」と称している。

写真68　有馬温泉の木立の中にひっそりと立つ「虫地獄」の碑

有馬温泉には、鉄分、食塩などを多く含み、湧出後空気に触れると赤褐色に変化する「金泉」（写真67）と、ラドンや二酸化炭素（炭酸）を含有する無色透明な「銀泉」がある。鉄分、塩分の含有量が極めて多いことから金泉の色は濃く、なめるとかなりの塩味を感じる。ラドンを8・25マッヘ以上含むと放射能泉とされるが、神鉄有馬ラジウム鉱泉のラドン含有量は166マッヘと、これもかなりの量である。

自然主義小説家・田山花袋（1871〜1930年）は『温泉めぐり』（岩波文庫）の中で「炭酸泉の出る山があって、それを瓶詰めにして、鉄砲水と言って売っている」と記している。

有馬温泉には、虫地獄、鳥地獄がある（写真68）。かつて、濃度の高い二酸化炭素ガス（炭酸ガス）によって、虫や鳥が酸欠か中毒を起こして落ちてしまったのだろうか――と想像した。

コラム　道後温泉の「玉の石」

写真69　道後温泉に祭られている「玉の石」

「伊予国風土記・逸文」（原文は漢文）にある大己貴命と少彦名命の記述について、一般的には「大己貴命は、失神していた少彦名命を生かそうとして、（対岸にある）速見の湯（大分県別府温泉）の温泉水を樋《とい》で引いて来て、湯浴みさせたところよみがえった。そして、少彦名命が『しばらくの間、よく寝たことよ』と言って踏みたたいた跡が、今も湯の中の石の上にある」と解釈されている。

だが、石川理夫・日本温泉地域学会長は、「これは、原文の漢字『見』には『被』と同じく『られる・せらる』と受身の意でも使われるのを間違えて単に『見る』と現代語訳したため。失神してよみがえったのは大己貴命であり、この場合治癒力を発揮する温泉神は少彦名命。そもそも大己貴命（大国主命）は、神話世界で繰り返し他者に助けられて蘇生する英雄神。『伊予国風土記・逸文』の限り、温泉神としては従神で、少彦名命のほうが主役」「石を踏みたたいて跡が残るのは、大己貴命だから」と提起している。

たしかに「古事記」などでは、少彦名命は掌中に乗るほど小さな神様で、大己貴命は「因幡《いなば》の白うさぎ」の神話で知られる、大きな袋をかついだ大国主命であることから、従来の解釈には無理があったかもしれない。

踏みたたいた跡は、道後温泉本館の脇にある「玉の石」とされる（写真69）。

「万葉集」に見る南紀白浜温泉

南紀白浜温泉は、有間皇子《ありまのみこ》（640〜658年）の悲劇の舞台として知られる。50年も前の学生時代に聞いた「万葉集」の講義を思い出した。

有間皇子は、大化の改新（645年）の後、時の権力者、中大兄皇子（後の天智天皇）とともに、皇位継承の有力候補だった。だが、それゆえに「身の危険」を感じていたとされ657年、病気を装い南紀白浜温泉に出かける。その翌年、今度は斉明天皇（女帝）が中大兄皇子を伴い、同温泉に行幸。有間皇子はその間に「謀反を計画した」として捕らえられ、同温泉に送られた後、絞首刑に処される。

岩代《いわしろ》の　浜松が枝《え》を　引き結び　ま幸《さき》くあらば　またかへり見む

写真70　太平洋の波が打ち寄せる南紀白浜温泉（和歌山県白浜町）の共同浴場「崎の湯」。左手手前には、万葉時代のもので日本最古とされる温泉湯船が残っていた

「万葉集」の「挽歌《ばんか》（人の死を悼み悲しむ歌）の部」の冒頭を飾るこの和歌は、護送中に立ち寄った岩代（現在の和歌山県みなべ町）にある浜の松の枝を結び合わせて無事を祈っているが、幸い無事であったなら、また立ち寄ってみたいものだという思いを詠んだ。「有間皇子自ら傷みて――」との題詞がある。

「日本書紀」や「万葉集」には、南紀白浜温泉は「牟婁温湯《むろのゆ》」「紀温湯《きのゆ》」と記されており、1350年も前にすでに知られる存在だったのである。

その白浜温泉を訪ねたのは、2016年8月末の晴れ渡った暑い日だった。学生時代から数えて4度目だ。共同浴場「崎の湯」には、万葉時代のものという湯つぼも残っていた。一方、太平洋にせり出した岩礁に造られた湯船には、波しぶきが降りかかる。打ち寄せる波、塩の香り、青い空と水平線――。そこは、自然と一体化した空間だ（口絵4・写真70）。

「長生の湯」代表の小野寺安信さんのモーターボートに同乗して、海上から野趣あふれる崎の湯、

写真71　共同浴場ながら二つの泉質を楽しめる南紀白浜温泉の「牟婁の湯」

写真72　現在の南紀白浜温泉は、穏やかで明るい雰囲気が漂う大リゾート地だ

さらには巨大なリゾート地・南紀白浜温泉を一望することもできた。

歴史の響きを感じる共同浴場「牟婁の湯」にも入浴。二つの湯船に異なる源泉の湯があふれるぜいたくな共同浴場で（写真71）、どっしりした風格ある外観にも存在感を感じた。

「日本書紀」の束間温湯は松本？

「日本書紀」には日本三古湯に加え、束間温湯《つかまのゆ》の記述がある。日本温泉地域学会の石川理夫会長は「松本市の美ケ原温泉と思われるが、浅間温泉との説もある」と話す。

最終歌が759年の「万葉集」には、「三古湯」のほか、大伴旅人が亡き妻（大伴郎女《おおとものいらつめ》）をしのんだ歌を詠んだとされる二日市温泉（福岡県筑紫野市）や湯河原温泉（神奈川県湯河原町）が登場する。伊香保（群馬県渋川市）の地名も載る。

一方、713年の官命で編纂された「風土記」（逸文を含む）には、温泉《ゆ》の記述が多く登場する。愛媛県生涯学習センターの「愛媛県史・文学」（1984年発行）は、「伊予の温泉（道後温泉）のほか、現在の温泉名でこれを列挙しておこう」として、出雲の国では玉造・海潮《うしお》温泉など、豊後の国では九重と別府の鉄輪《かんなわ》温泉に血の池地獄など、肥前の国では武雄・嬉野・雲仙、摂津の国では有馬、伊豆の国では湯本・熱海伊豆山の各温泉が見える―とする。

和歌山県内には、熊野詣での前に身を清めた「湯垢離場《ゆごりば》」として、湯の峰温泉（田辺市）、湯川温泉（那智勝浦町）がある。

体や髪を洗って心身を清めることは、斎戒沐浴《さいかいもくよく》と呼ばれていた。これはいつの時代にさかのぼるのだろうか。石川さんは「日本における最も早い記録は『魏志倭人伝』（3世紀末に書かれた中国の歴史書）」と言う。古川顕《あきら》・京都大名誉教授は『温泉学入門』（関西学院大出版会・2014年）の中で「人々は喪の期間が明けると、一家を挙げて水辺に赴き、水に浸かって沐浴をした」と記している。石川さんは「喪服の練絹《ぬりぎぬ》、いわゆる湯着を着けた状態での混浴」と解説してくれた。

「枕草子」が挙げる三名泉とは…

平安時代の「枕草子」（能因系本）の117段には「湯は、ななくりの湯、有馬の湯、玉造の湯」とあり、「枕草子の三名泉」と呼ばれている。

写真73　「枕草子の三名泉」とされる榊原温泉「湯元榊原館」（三重県津市）の屋上にある露天風呂

「玉造の湯」は本文のように、出雲国（島根県）だろうが、それでは「ななくりの湯」はどこなのか？

三重県津市の榊原温泉が有力視されているようだ（写真73）。鎌倉時代後期の「夫木《ふぼく》和歌抄」の歌にある地名の一致が有力な証拠とされ、伊勢参りの湯垢離場であり、都に近いことも挙げられる。

一方、神話の世界の英雄・日本武尊が発見したとの伝承がある別所温泉（長野県上田市）も、古くは七苦離の湯（七久里の湯）と呼ばれたことから、別所温泉説もある。熊野の湯の峰温泉ともされる。

玉造温泉については、鳴子温泉郷（宮城県大崎市）の旧名との見方もある。

7章　信仰との関わり

湧出の力に畏怖と畏敬

病気を治す神秘の力、源泉の神と「神宿る山」

欧州の先住民族ケルト人は、樹木や川、山、石など自然界のあらゆるものに神が宿ると信じていた。とりわけ地中から湧き出る泉水（温泉）は、異界・冥界に通じる存在として神聖で畏れ多いものだった。彼らは、温泉に病気を治す神秘の力があることも知っていて、崇拝の対象にしていた。

一方、日本の伝統的な温泉地には温泉神社、温泉寺・薬師堂といった神仏習合による薬師神社が見られ、信仰との縁は深い。石川理夫・日本温泉地域学会長の話と論文を中心に「温泉と信仰」を追った。

パリを流れるセーヌ川の水源は、ワインで有名なフランス・ブルゴーニュ地方にあり、洞窟のようなほこらに湧き出る泉は、ケルト人の「治癒の女神」セクアナが宿る聖地だった。「病気やけがをしたケルト人は、治癒を祈願し温泉巡礼の旅をした。こうした泉水は、欧州各地にあった」と石

写真74　ケルト時代の伝説が残る英国のバース温泉。現在の英国では、温泉などを利用した水治療法は盛んではない

川さんは言う。

セーヌ川源泉では、盲目の少女など巡礼者の像のほか、手足、頭部、胸部、さらに内臓のレリーフなど、治癒を望む身体部分をかたどった奉納物が見つかっている。

伝説では、英国のバース温泉（写真74）を発見したのも、病を患い宮廷を追われたケルトの王子ブラダッドで、その泥湯につかり、病気を治したとされる。「ケルト人は、バース温泉を土着の泉水の女神・スルのたまものとしてあがめていた」と石川さん。征服者であるローマ人も、バースをケルト伝来の温泉聖地として継承し、神殿と巨大な温泉浴場を造った。

日本にも、ケルト同様の自然崇拝（アニミズム）の流れがある。在野の考古学者として知られる藤森栄一さん（長野県諏訪市出身、故人）は、縄文遺跡の出土品が温泉にさらされていたことを発見した。一方、江戸時代の紀行家・民俗学者の菅江真澄は、蝦夷《えぞ》地のアイヌが、泉源に「湯の神」を奉っていることを報告している。

源泉そのものがご神体だった神社もある。出羽三山の一つ湯殿山にある湯殿山神社（山形県鶴岡市）は、湯が湧き出す巨岩（石灰華＝炭酸カルシウムの沈殿物）がご神体で、社殿はない。伊豆山

写真75　いわき湯本温泉（福島県いわき市）の温泉神社は、湯ノ岳がご神体とされていたが、里宮に下山後、少彦名命、大己貴命（大国主命）らが祭神になった。山岳信仰と温泉信仰が合体したとされる

温泉（静岡県熱海市）の源泉「走り湯」も同様で、原始的な温泉信仰として知られる。

「神宿る山」に対する畏怖と畏敬の念は根強く、こうした古来の山岳信仰と温泉信仰との結び付きも深い。いわき湯本温泉（写真75、福島県いわき市）の湯ノ岳、出湯《でゆ》温泉（新潟県阿賀野市）と五頭《ごず》山、榊原《さかきばら》温泉（三重県津市）の湯山（貝石山）、雲仙温泉（長崎県雲仙市）の雲仙岳などが信仰の山として知られる。箱根山中にある姥子《うばこ》の湯（神奈川県箱根町）の一帯も霊場だった（口絵5・写真76）。

「湯のカミ」と温泉神社の登場

いわゆる温泉神社が一覧として登場するのは、927年の「延喜式」の神名帳が最初とされ、石川さんは「少なくとも全国で10社が確認できる」と報告している＝図17。この表を見ると、祭神は、大己貴命＝大国主命、少彦名命が目に付く。現在の温泉神社の祭神も、この二神が代表格だ。だが、実はこうした祭神の名は延喜式には記載されていない。祭神名が登場するのは、後世になってからだ。

石川さんは論文の中で「（二神は）常に、また最初から温泉神社に登場していたわけではなかった」

（「温泉地域研究」第２５号）とする。原型的な温泉神は泉源地にまつられた「湯のカミ」で、そうした湯のカミが、神話世界から天下るさまざまな神に取って代わられ、各地の神社の祭神として定着していったと言うのだ。大己貴命と少彦名命に代表・集束されたのは、「この二神が、『治癒力に寄与する神』としての性格が強いためと解釈される」とこの論文で結論づけている。

さらに仏教伝来で人々を病から救うとされる薬師如来が温泉信仰に加わり、薬師如来を本尊と

写真 76　箱根・姥子の湯（神奈川県箱根町）にある姥子堂や薬師堂、石仏群。漂う霊気を感じる

「延喜式」に記載された「温泉神社」一覧とその祭神

温泉神社名	所在温泉地	祭　神
由豆佐賣《ゆずさひめ》神社	湯田川（山形県）	溝咋姫命、大己貴命、少彦名命
温泉《ゆ》神社	鳴子（宮城県）	大己貴命、少彦名命
温泉石《ゆのいし》神社	川渡（宮城県）	大己貴命、少彦名命
温泉神社	いわき湯本（福島県）	少彦名命、大己貴命
温泉神社	那須湯本（栃木県）	大己貴命、少彦名命、誉田別命
射山《いやま》神社	榊原（三重県）	大己貴命、少彦名命
湯泉《ゆの》神社	有馬（兵庫県）	大己貴命、少彦名命、熊野久須美命
御湯《みゆ》神社	岩井（鳥取県）	御井神、大己貴命、八上姫命、猿田彦命
玉作《たまつくり》湯神社	玉造（島根県）	櫛明玉神、大己貴命、少彦名命
湯神社	道後（愛媛県）	大己貴命、少彦名命

※「延喜式」には、祭神名の記載はない　（石川理夫さんによる）

図 17　「延喜式」に記載された「温泉神社」一覧とその祭神

する温泉寺や薬師堂が建立されるようになった。神仏習合の形をとった温泉神社も登場してくるようになる。

古文書にも「神の湯」

1300年ほど前に書かれた「出雲国風土記」の意宇郡《おうこおり》の項に、温泉に関する以下のような〝名キャッチコピー〟が登場する。

一たび濯《すす》げば則《すなは》ち形容端正《かたちうるは》しく、再び沐《ゆあみ》すれば則ち万《よろづ》の病《やまい》悉《ことごと》く除《い》ゆ。古《いにしへ》より今に至るまで、験《しるし》を得ずといふこと無し。故《かれ》、俗人《くにひと》、神の湯《ゆ》と曰《い》ふ（講談社学術文庫「出雲国風土記」による）

玉造温泉（島根県松江市）とみられ、美容効果、治癒への効能に言及。「だから、土地の人は神の湯と言っている」と結んでいる。

一方、田中敏明・龍谷大非常勤講師は自身の論文で、道後温泉（愛媛県松山市）に建立されたと伝わる聖徳太子の碑文について触れている（「温泉研究」№6）。「伊予国風土記・逸文」によると、道後温泉は「神しき井（泉の意味）」とたたえられているだけで、いまだいかなる神格とも結びつけられていないとの内容。つまり、温泉という自然現象そのものが神であり、現在まつられている大己貴命、少彦名命という「人格神」以前に「自然神」が存在していたことをうかがわせている。

仏教との結びつき

古代人は、地下という異界・冥界から湧き出る温泉を人知を超えた現象として畏れるとともに、その効能に畏敬の念を抱き、崇拝していたことを述べた。こうした中、6世紀に伝来した仏教は、入浴の作法・文化などを広める上で多くの影響を与え、病める人や庶民らに寺が振る舞う施浴（功徳湯）も行われた。心身の病を除き、不慮の死を回避してくれる薬師如来への信仰と温泉の結びつきも深まり、「発見伝説と日本三古湯」の章で述べたように、高僧や薬師如来の化身とされる白い動物による温泉発見伝説も生まれた。

入浴作法を広めた僧侶たち

「仏説温室洗浴衆僧経《ぶっせつうんしつせんよくしゅそうぎょう》」は、入浴がもたらす功徳や効能、入浴作法を説く仏典だ。「736年には日本でも書き写されていた」と、『温泉の百科事典』（丸善・2012年）は記述していて、かなり早い時代から僧侶たちが入浴文化を広めたことがうかがえる。

同百科事典によると、この仏典は、入浴に必要なものとして、湯を沸かすための燃火《ねんか》、浄水に加え、内衣《ないえ》（湯かたびら）、澡豆《そうず》（主に豆で作った洗剤）など七つを挙げている。これを整えると、風病

（感冒、肺炎、神経系疾患）、湿卑《しっひ》（関節炎、脚気《かっけ》）など七つの病が取り除かれ、無病息災、身体清浄、身体芳香、容姿端麗となり、人から敬われ、多くの人が付き従うようになる七福が得られるとしている。

薬師如来信仰と温泉

一方、1935（昭和10）年発刊の「温泉大鑑」（日本温泉協会）は、「お経を唱え、薬師、観音に祈ってから湯に入るべし」などと始まる有馬温泉（兵庫県神戸市）温泉寺の「湯文」を紹介している。湯文には「湯はぬるきを本とす。あつければ熱をこる也《なり》」「湯治の間は、酒なと停止あるへし」など、15項目の心得や注意事項が並ぶ。

写真77　鹿教湯温泉（長野県上田市）を見下ろす小高い場所に建つ薬師堂

「温泉大鑑」の筆者は、有馬温泉の温泉寺は施薬院まで設け、疾病者の救済に尽力していたとし、盛時には療病者に対する禁制《きんぜい》も相当厳格だったのではと想像。湯文として伝わるものの、「温泉寺から発せられた入浴心得か、信仰をもとにした養生訓であろう」と分析する。さらに「温泉の効験を仏の慈悲に帰して薬師以来の信仰を勧めるとともに、温泉の性能をよく理解して、疾病者の入浴

写真78　弘法大師が開祖とされる出湯温泉＝新潟県阿賀野市。大師ゆかりの華法寺(けほうじ)は、雪の中にあった。「寺湯」も、共同浴場として境内に健在だ

指導に努めた往年の仏者が、いかに用意周到であったかを知ることができると思う」と述べている。

温泉信仰を支える温泉寺や薬師堂（写真77・78）、医王堂、神仏習合の温泉神社の本尊は、城崎《きのさき》温泉（兵庫県豊岡市）の末代山温泉寺のように十一面観音もあるが、ほとんどは治病・医薬の仏である薬師如来が安置されている。

アジールとしての温泉地

「アジール」という言葉を聞いたことがあるだろうか。平和領域、憩いの場、避難所、聖域などを意味するドイツ語だ。たとえ戦争中でも、乱暴や無法な行為をして秩序を乱すことを禁じられる。そんなアジールとしての温泉地が、洋の東西を問わず存在したのだ。ことに欧州では、戦争当事国同士の協定によって、温泉保養地が傷病兵の手当てを担う中立地となり、赤十字発足の精神にもつながったとされる。『温泉の平和と戦争　東西温泉文化の深層』（彩流社）の著者である石川理夫・日本温泉地域学会長に聞いた。

戦争中も安全を守られた聖域

オーストリアのハプスブルク家とプロイセン王国が戦った七年戦争（1756～63年）の真っ最中に、戦争当事国同士が「温泉地中立化協定」を交わしている。「双方の指揮官による保護状・通行免状を持参すれば、あらかじめ指定された温泉保養地で温泉療養が受けられた。それは、両陣営の支配地（現在のチェコとポーランド）から2カ所ずつで、いずれも療養施設、宿泊施設が整っている歴史を持つ名湯だった」と石川さん。「敵味方の区別なく温泉療養が行われていたわけで、戦場と化した大海に浮かぶ孤島のような『癒やしの避難所』だった」と語る。〝温泉力〟がもたらす、画期的な国際協定といえよう。

神聖ローマ帝国に進攻したナポレオン軍の司令官も１８０３年、現在のドイツ北西部にある三つの温泉地に対し、「安全を完全に保証する」という布告を出している。

さらに石川さんは、赤十字国際委員会の紀要なども研究。「こうした中立と安全の保障という温泉地の歴史的蓄積が、国際的な赤十字の発足を後押しした」と分析している。

写真79　底倉温泉（神奈川県箱根町）の蛇骨川脇に残る「太閤石風呂（いわぶろ）」。小田原攻めに際して、将兵を慰労するために造ったとされる

戦国時代、温泉地への思い

日本でもアジールとしての温泉地が存在した。織田信長の命令で加賀の一向一揆を攻めていた柴田勝家が、制圧した山中温泉（石川県加賀市）に対し、「（自らの）軍勢は、乱暴狼藉《ろうぜき》や占拠、放火、竹木の伐採をしてはならない。違反の輩《やから》あれば、速やかに罰する」という趣旨の禁制《きんぜい》を出している。１５８０年８月のことだ。「裏には、一向一揆の後ろ盾だった石山本願寺との政治的な駆け引きがあったが、宗教的な寺社などではない温泉地を対象

に禁制の範囲を絞ったのは、山中温泉をアジールとみなしていたためではないか」と石川さんはみる。

また、小田原城(神奈川県小田原市)を本拠にした戦国大名の北条氏は、底倉温泉などがある箱根山中の底倉村に対し、「湯治滞在する近在の土豪・地侍らが、薪や炭、材木、武器、酒や水を入れる器などを村人に勝手に申し付けることを禁じる」としている(1545、85年の禁制)。

一方、小田原攻めをした豊臣秀吉も、底倉村の農民らに馬の飼料調達を命じる一方、「軍勢は乱暴狼藉や道理に合わない申し付けをしてはならない」という達しを1590年に出している。石川さんによると、秀吉はさらに「湯入りの宿をとって、無理に押し入り、狼藉の輩あるまじき候《そうろう》」という掟書《おきてがき》も与えており、「湯治場の存在意義を認めた上で、北条氏と同様に温泉地の安寧と維持を約束したのだろう」と推測する(写真79)。

このように温泉地や湯治場をアジールとした背景には、古代から脈々と流れる温泉と温泉地への思いが存在したのではないか。古代人は、地下から温泉が湧き出る自然現象に恐れおののく一方、それが心身のさまざまな症状を改善させ、治癒させることに畏敬の念を抱いていたことは内外の多くの史実が証明している。

45年ほども前の新聞記者駆け出しのころ、長野県内のある温泉地で芸者置き屋をめぐる暴力団の抗争事件の取材に関わったことがある。歓楽型温泉地の絶頂期だった。温泉地はやはり、石川さんが訴えるような平和なアジールの空間であってほしいものだ。

コラム　戦争遂行のために利用されたことも

療養に役立つ温泉地は、「お国のために」と明治時代以降、戦時体制に組み込まれた。傷病兵の転地療養所となったり、陸軍病院の分院が置かれたりしたのだ。

太平洋戦争の戦況が悪化すると、都市部の子どもたちの疎開先にもなった。石川理夫さんが「学童疎開の記録」（全国疎開学童連絡協議会編）の資料を基に、疎開先となった温泉地を抽出したところ、集団疎開を受け入れた長野県内の温泉地は、都内からだけでも17カ所に上り、福島県と並び全国最多だった。ただ、そこは、空襲を避け逃げ込む場ではあったものの、遠く離れた父母や家族を思うつらい場所でもあった。

一方、アジールとしての温泉には、さまざまな思惑や利権が渦巻いていたこともうかがえる。石川さんによると、新大陸アメリカの先住民族は温泉地について、誰にでも開かれた、争い事をしてはならない平和な癒やしの聖域としていた。しかし、欧州からやってきた植民者は、経済原理を導入し私有化していった。石川さんは「事情や様相はだいぶ異なるが、日本でも北海道のアイヌに対して似たような構図が見られた」と言う。

8章　台湾の湯けむり

日本式の裸入浴

台湾の温泉地は、レジャーと健康志向の中でブームに沸いていた。日本統治時代（1895〜1945年）の影響で日本の入浴文化が色濃く残り、世界的に珍しい「日本式の裸入浴」も健在だ。銭湯型の温泉共同浴場や無料の共同湯、日帰り温泉も目に付く。一方、「野渓温泉」と呼ばれる、人の手がほとんど加わらないワイルドな秘湯も山間部に点在する。台湾の温泉に詳しい西村りえ・日本温泉地域学会理事の案内で、2015年4月に訪ねた「北部地域」の温泉の今を、写真を中心に紹介しよう。

手おけや温泉マークも健在

首都・台北市にある北投温泉（図18）の共同浴場「瀧乃湯」（写真80）。番台で入浴料を払って入った浴室は裸での入浴だった。もちろん、男女別室だ。

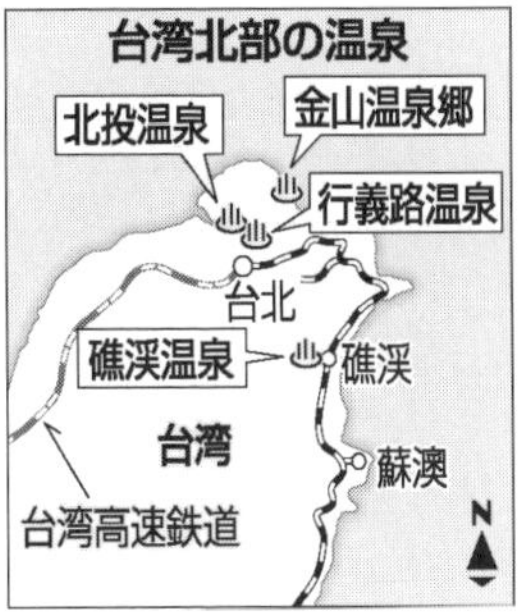

図18　台湾北部の温泉（地図）

写真80　首都・台北市にある北投温泉の共同浴場「瀧乃湯」。男女別の裸入浴で、番台も健在だ

写真81　温泉レストランの一つ「天祥」の共同浴場入り口＝行義路温泉

欧州の温泉健康保養地は、どこも水着着用が原則で、日本式の裸入浴は珍しい。目の前に広がる〝銭湯の世界〟にびっくりした。

ただ、日本のような脱衣室はなく、湯船より一段高くなっている壁際で服を脱ぐ。行義路温泉（写真81）、金山温泉郷などの日帰り入浴施設や共同浴場も同様な「湯船・脱衣所一体型」。日本では当たり前の湯上がり用の「足ふき」もなかった。

台湾の温泉では、露天風呂、プールなどを除いて、男女別の裸入浴が目につく。なぜなのだろうか。

ドイツの硫黄商人・オウリーが北投温泉を確認したのは1894（明治27）年とされるが、同温泉の開発は、大阪出身の商人・平田源吾が旅館「天狗庵《てんぐあん》」を開業した1896（明治

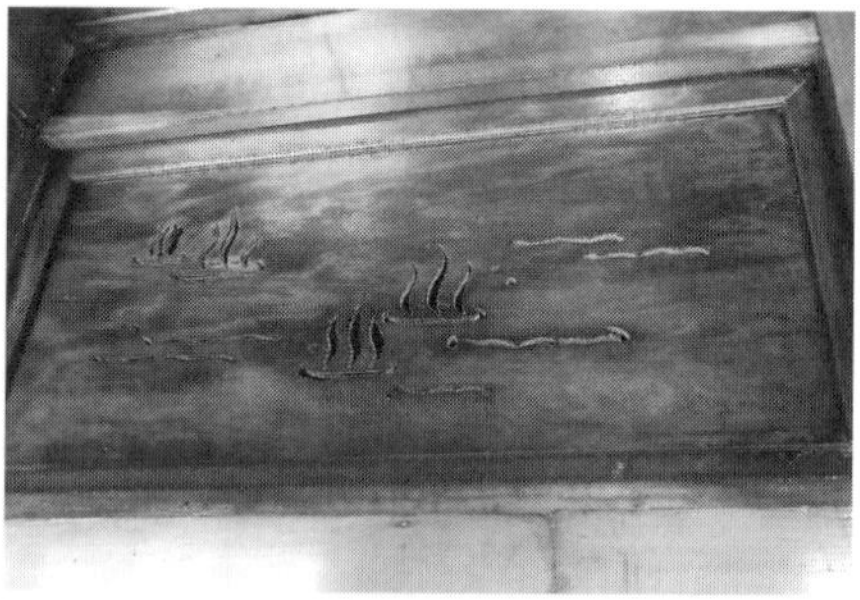

写真82　旧日本陸軍の温泉施設に残る「♨」のマーク＝北投温泉

写真83　「日本湯治時代からのもの」という古びた共同湯（無料）。地元の男性が入浴中だったが、女性の時間帯もある＝礁渓温泉

29）年からだ。このため、「北投温泉に限らず、台湾の温泉は日本統治時代の影響を受け、深くつながっているところが多い」と西村さんは言う。なじみの「手おけ」も目に付き、旧日本陸軍の温泉施設など、あちこちで温泉マーク「♨」にも出合った（写真82）。

統治時代からの入浴文化を実感

北投温泉の共同浴場「瀧乃湯」の浴室には硫黄（硫化水素）臭が漂い、なめると強い酸味を感じる。さらに、かなり温度が高い。欧米などには、このような熱い風呂は存在しない。やはり、日本統治時代からの入浴文化なのだろうか。

年代を感じさせる古びた浴室は、お世辞にも清潔とは言えないが、入浴マナーは抜群だ。誰もが入浴前に体を丁寧に洗い、タオルを湯に入れるような人は見られない。地元の人が、湯船の中か

写真84　台湾北部にある礁渓温泉の共同浴場「日式森林風呂」。日本と同じ裸での入浴が人気だ

ら私たち日本人を観察していて、「体をよく洗ってから入れ」と身ぶり手ぶりで声を掛けてきた。こうした〝注意〟は、行義路温泉や礁渓温泉（写真83・84）でも受けた。

　小学校低学年とみられる家族連れの男の子が入念に体を洗っている姿に、徳永昭行・日本温泉地域学会理事は、「親から子へと、今なお伝えられていく日本式の入浴文化を肌で感じた」と話した。これは、金山温泉郷の漁港脇にある、地域の極めて小さな温泉共同湯（無料）でのことだった。

にぎわう温泉街

写真85　礁渓温泉の鉄道駅前は、日本の温泉地を思わせるような看板が目に付く。中央にはデンと足湯が構え、温泉街もここから奥に広がっている

休日増加とアクセス向上も後押し

一昔前の、にぎやかな日本の温泉地のようだ。台湾北部の礁渓温泉の街を歩きながらそう思った（写真85）。ホテルや旅館が軒を連ね、駅前の大通りも路地も公園も、観光客の姿が多く活気がある。「温泉大飯店」「和風温泉会館」「春の湯」「川湯」などと書かれた看板が目に付き、日本式の温泉マーク「♨」も宣伝の主役だ。

案内してくれた女性バイオリニストの凃鳳玹さんは、2001年に一部で始まり、来年（2016年）に全面導入されるという週休2日制に加え、「首都・台北市とを結ぶ雪山トンネルの開通（2006年）で、首都圏が高速道路で1時間ほどの距離になった影響が大きい」とブームの背景を話した。

濃い炭酸泉と広大な露天風呂

「年間、60万～70万人もの人が訪れる。ことに6～9月は、満員の状態ですよ」。こちらは、礁渓温泉に近い東海岸の漁港の町にある蘇澳温泉。「蘇澳冷泉公園」のマネジャー陳建科さんはこう語った。

蘇澳は極めて濃い炭酸泉で知られ、肌に大量の泡がつく。広大な露天風呂が有名だが、裸入浴の個室風呂もあり（写真86）、玉石を敷いた湯船の底から、小さな泡が立ち上ってくる。22度の冷泉入浴は透明度抜群だが、さすがに冷たい。浴槽の横に日本風の風呂桶《おけ》（木製の浴槽）があり、この風呂桶に湯を入れて冷えた体を温める仕組みだ。同温泉は、日本の軍人によって開発され、かつてはラムネやようかんも作っていた。

写真86　濃い炭酸泉で知られる蘇澳温泉の冷泉個室風呂も裸での入浴。浴槽（左手前）は22度と冷たく、右奥の木製の風呂桶（一昔前の日本の風呂桶を連想）に湯を注いで温まる

湯煙と硫黄臭が漂う「地熱谷」

120年の歴史を誇る北投温泉の豊かな湯量を支える源泉はいくつかあるが、その象徴は「地熱谷」だろう。強い酸性の煮えたぎる巨大な池には、激しい湯煙が立ち上って

写真 87　硫化水素臭（硫黄臭）が漂う北投温泉の「地獄谷」。周囲は緑も豊かで、遊歩道が整備され多くの人々でにぎわっている

写真 88　行義路温泉の温泉レストラン「天祥」で食事をする日本人温泉愛好家ら。日帰りで入浴と食事を楽しむレジャー施設は活気にあふれている

いた（写真87）。卵が腐ったようなと表現される硫化水素（硫黄）臭が漂う。遊歩道が整備され、家族連れや若いカップルでにぎわい、明るい観光地の印象が強い。

渓流沿いに開けた同温泉は、南国の緑豊かな公園の中に、ホテルや公衆浴場が点在する。首都・台北市の一画とはとても思えない自然が広がる。日本統治時代の公衆浴場を改修した「温泉博物館」には、往時の風情や文化、歴史が詰まっていた。

北投温泉近くにある行義路温泉には、独特な温泉レストランが並んでいる。日帰りで、温泉入浴と食事を楽しむのだ（写真88）。カラオケなども備わったレジャー志向が強い温泉施設で、２４時間営業の店もあるという。

山間部の野渓温泉

台湾の山間部には、人の手がほとんど加えられていない野趣あふれる温泉が点在する。「野湯《のゆ》」ともいえる天然の湯だまりで、「野渓温泉」と呼ばれ、南国の自然を満喫したワイルドな入浴を味わえる。日本温泉地域学会理事の西村りえさんと親交がある程沛宏さんの案内で、「野渓」の一つ八煙温泉を訪ねた（図19）。

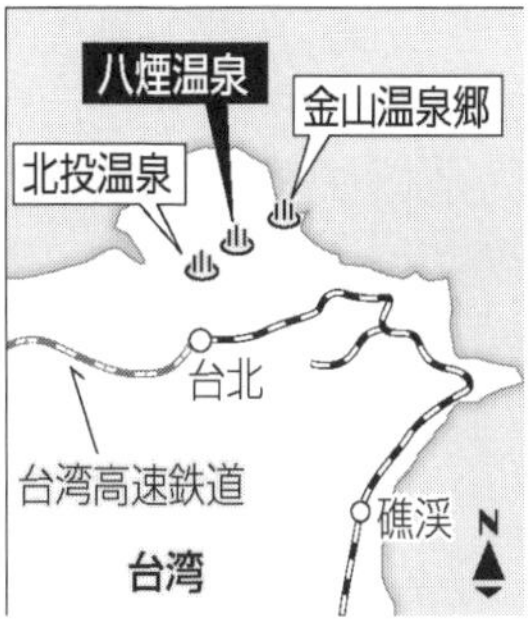

図19　台湾北部の山間部にある八煙温泉

のどかな田園風景と山合いの地形

八煙温泉は、首都・台北市の北側に位置する陽明山国立公園の一角にあった。海辺にある金山温泉郷にも近いが、いくつもの温泉に恵まれた標高千メートル前後の山々が連なる景勝地。日本統治時代は草山《そうざん》と呼ばれていた地域だ。程さんは、陽明山国立公園ボランティアガイドを務める。

程さんが、金山温泉郷に続く道路脇に車を止めた。ここから、谷川に向かって、20分ほどのアプローチがある。歩き始めてしばらくすると、日本の懐かしい中山間地を思わせるような水田風景が広がっていた（写真89）。

写真89　歩き始めてしばらくすると、のどかな田園が広がる。懐かしい日本の中山間地を思わせる

海からそう離れていないのに、ここは「山合い」なのだ。サツマイモのような形の島全体を、急峻《きゅうしゅん》な山脈が南北に貫き、海岸へと一気に高度を下げていく。そんな台湾の特徴的な地形を肌で感じることができる。ちなみに、最高峰・玉山（新高山《にいたかやま》）は3952メートルで、富士山を超える。

写真90　谷底にある温泉へと続く道は、急だがよく整備されていた。南国の緑の中を、ひたすら下る

八煙温泉への道は、途中からかなり急な下り坂になるが、よく整備されていた。明るい緑の木々の中を、谷へ谷へと降りて行く（写真90・91）。

開放感は抜群　野趣あふれる湯

硫黄のにおいが漂う新鮮な湯、緑の崖の梢《こずえ》は、夕日を浴びて黄に染まり、谷川の音が響く。白濁

写真91　八煙温泉へ向かう坂道から見下ろした源泉。まさに「温泉ここにあり」

写真92　野趣あふれる八煙温泉の〝湯つぼ〟。夕日が緑の木々の梢を黄に染めていた

した大きな天然の〝湯船〟が川に沿って並び（写真92）、上流に向かって右手奥の谷からは、高温の源泉が湯気を立てて流れ込んでくる。川の上流正面には、大きな滝が構えていた。

水着を着ての入浴だが、開放感は抜群。なめると酸味が強い。温泉分析に詳しい長野県温泉審査部会委員の新村美博さんが、pH試験紙を浸して紙の色の変化を観察。「pH2程度の強い酸性硫黄泉ですね」と解説してくれた。

台北市などに近く、交通の便がいいためだろうか、意外に入浴者が多いのに驚いた。「もっとスケールが大きく、ひなびた野渓温泉もありますよ」。そんな程さんの説明を聞きながら、あらためて台湾のほかの野渓温泉を訪ねてみたいと思った。

台湾南部を訪ねて

台湾では、日本統治時代（1895〜1945年）の入浴文化が今も引き継がれ、世界的にも珍しい「裸での入浴」や、共同浴場・共同湯などが健在だ。こうした特徴のある台湾北部の温泉について述べたが、2016年3月に訪ねた南部の温泉地は、北部とは微妙な違いもあった。たとえば、南部の宿泊施設には北部のように裸で入る大きな湯船は少なく、裸入浴は主に、宿の部屋や日帰り客用の個室に備わるバスタブに温泉水を張る。南部の四重渓《しじゅうけい》温泉、関子嶺《かんしれい》温泉の様子を、やはり写真を中心に報告する（図20）。

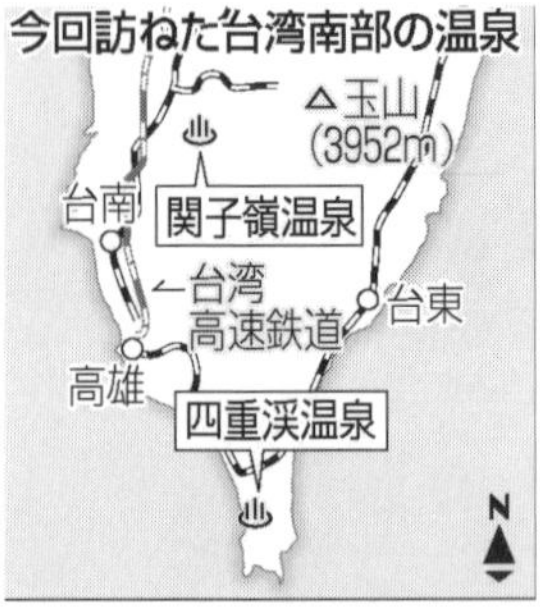

図20　台湾南部の拡大地図

清涼感もたらす「美人の湯」か

四重渓温泉は、台湾最南部ののどかな田園地帯の中にあった。1874（明治7）年、清の時代に発見されたが、日本統治初期の1895（明治28）年に、日本の軍人が再発見したことから開発が進んだ。西村りえ・日本温泉地域学会理事によると、戦前には5軒の宿があり、「日本最南端の温泉」として、多くの日本人が訪れた。

現在は14軒の宿が点在している。

戦前の山口旅館を引き継いだ「清泉」には、1930（昭和5）年の日本建築が残っている（写真94）。オーナーの王樹嘉さんらが大切に守っていて、畳に敷かれた布団で眠った。裸で入浴する大きな浴槽はなく、部屋にあるバスタブの蛇口をひねると豊富な源泉が流れ出てくる。つるつる、すべすべする「美人の湯」だ。

写真93　田植えが終わった水田を望むのどかな露天風呂。屋外の休息コーナーでは、高雄市から日帰りで来た高齢の男女4人が、「一日中、ゆっくり楽しむ」とくつろいでいた。その脇では小型プロパンガスを持ち込み、料理の準備をする人も＝四重渓温泉の老舗旅館「新亀山」で

写真94　日本統治時代の1930年に建てられた四重渓流温泉「清泉」の日本建築

写真95　昭和天皇の弟・高松宮が、新婚旅行で訪れ入浴された大理石の湯船は、今も湯をたたえていた＝四重渓温泉「清泉」

写真96　四重渓温泉の共同浴場（無料）。建物は変わったが、明治時代と同じ場所に健在だ

同行した長野県温泉審査部会委員で温泉分析に詳しい新村美博さんは、台湾の温泉分析表を見ながら「重曹泉（ナトリウム—炭酸水素塩泉）と思われる」と話した。

一方、徳永昭行・日本温泉地域学会理事は、「重曹泉は、皮脂を乳化させるため放熱が高まり、入浴後にさっぱりとした清涼感をもたらす。南国にぴったり」と、四重渓の湯を満喫していた。

この宿には、いくつもの広い露天風呂があるが、こちらは水着と帽子着用だ。低めの温度に設定された浴槽もあった。西村さんは、「南部は気温がかなり高いため、ぬるめの広い露天風呂を、海水浴のようにして、ゆっくり楽しむのが特徴」と解説した。

蒸気浴・泥パック・理学療法…設備充実

３０００メートル級の山が連なる内陸部に向かってやや入った関子嶺温泉は、泥湯で知られる。ここも、日本統治時代

写真97　関子嶺温泉「景大渡假荘園」の泥湯。露天風呂は水着着用だ

の歴史が色濃く流れるが、台湾の温泉ブームを背景に、にぎやかな温泉街も形成されていた。石油と硫化水素の臭いがし、灰色の泥を含んだ源泉が湧き出している。戦前の絵地図に「石油坑」と記された場所を確認。合点がいった。

個室に温泉バスタブを備えたホテル（日帰り入浴も可）を体験したが、圧巻だったのはそのうちの一つ「景大渡假荘園」（写真97）。ご当地自慢の泥の風呂だけでなく、温湯、露天風呂などに加え、蒸気浴、泥パック、理学療法、塩の粒子吸入などの設備が整い、欧州の温泉健康保養地を思わせた。

「温泉と健康、そして地元産の食の活用に特に力を入れている」と語るオーナー侯明宗さんの言葉が強く印象に残った。

付録

1　〝源泉かけ流し〟の周辺

〝源泉かけ流し〟をめぐっての論議が多い。確かに、湯量に見合った大きさの湯船が源泉であふれ、しっかりと衛生管理がなされていれば最高だろう。だが、「かけ流しでなければ温泉ではない」といった〝源泉かけ流し信仰〟も見られる。温泉愛好者は、どう捉えればいいのだろうか。源泉かけ流しの周辺を探った。

個人的には、循環式の大浴場よりも、たとえ湯船は小さくとも、湯の新鮮さと個性を楽しむことができる源泉かけ流しが好きだ。しかし、源泉の温度によっては加水、加温が求められたり、湯量や収容人数などの事情から衛生面を考慮して循環ろ過を導入している施設も多い。また湯治向きだが、加水しなければ一般の入浴者には刺激が強過ぎる温泉も存在し、単純に「かけ流しでなければダメ」とすることには、大きな問題がありそうだ。温泉観は個々人によりさまざまであり、「一つのものが最高」とするのではなく、ミックスと選択が必要と思われる。

「本物、偽物」論議は不毛では?!

「かけ流し」の確固たる定義はない。たとえば湧出温度が低いため加温する、高温のために加水するケースをどう見るのか。

甘露寺泰雄・中央温泉研究所専務理事は、「源泉と言っても、地表に出てくる前に、すでに地下水や川の水、海水などで加水されている。温泉は、そもそも〝水増し現象〟」と語る。さらに私たちの祖先もその昔、川原などに自然湧出していた湯が熱すぎれば、川の水を注いで利用していたのだろう。「加水は、そう目くじらを立てなくても…」ということになりそうだ。だが、加水で成分が薄まり、医学的効果が望める療養泉ではなくなってしまうことがある。

加温しているから「本物」ではないという主張もうなずけそうにない。快適入浴できる泉温というものがあるのだ。しかし、加温する場合は、二酸化炭素、硫化水素、ラドンといったガス成分が、空中に逃げ出してしまうことに配慮が必要だ。「ボイラーによる急速な加熱は避け、熱い湯を加えたり、熱交換するなどの工夫を」と甘露寺さんはアドバイスする。

〝チョロ流し〟では不衛生

一方、源泉の湧出量に対して身の丈(湯量)以上の大きな浴槽に、不十分な量の湯を入れて「かけ流し」と言うのは、羊頭狗肉《ようとうくにく》だ。このような〝チョロ流し〟と呼ばれる形態は、浴槽内の湯が入れ替わらず衛生的ではない。

写真98　源泉の流入口（左奥）から、流出口（右手前）へと流れる「かけ流し」の湯の動き＝松代温泉（長野市）で

では、湯を清潔に保つためには、どのくらいの量がいるのだろうか。甘露寺さんの説明では、利用者一人当たり1分間に0・5リットルの流入、または、その浴槽を1時間で満たす湯の量（1時間に1ターン）が必要だ。

循環ろ過、考慮したい泉質

湯量に対して湯船が大き過ぎたり、入浴者数が過剰の場合は、衛生面から循環ろ過、殺菌を行う。湯を清潔に保つために登場した管理システムである。一方、湯量は豊富だが、泉温が低いために加温している場合、かけ流しにすれば燃料代がかさむことから循環ろ過を選択する施設もある。

阿岸祐幸・北海道大名誉教授は、「大浴槽は循環式でも、源泉を体験できるような小さな浴槽も備えたらいい」と助言する。浴室内に、ひねると源泉が出てくる湯口を設けている所も見られる。

循環ろ過では、泉質への配慮も必要だ。塩化物泉、硫酸塩泉、炭酸水素塩泉といった塩化物泉や単純温泉は、単純な循環ろ過では泉質に大きな影響はなさそうだ。だが、炭酸ガス（二酸化炭素泉）、ラドン（放射能泉）、硫化水素（硫化水素型の硫黄泉）では、ガス成分は抜けてしまう。また、含鉄泉、硫黄泉などでは、酸化などによって成分が変化する。

循環ろ過をして殺菌もしているからといって、浴槽や配管、温泉スケール（沈着物）の清掃をおろそかにしては衛生上危険だ。一般的な塩素殺菌は、アルカリ性など泉質によっては十分な効果が望めず、塩素臭に伴う不快感、人体や泉質への影響も横たわる。

温泉管理に詳しい徳永昭行・日本温泉地域学会理事は、「浴槽はもちろんだが、ろ過装置の内部に付着したバイオフィルム（微生物によるヌメリ膜）の徹底した除去と消毒が欠かせない。アメーバや細菌の繁殖場所になりがちで、ことに重要」と指摘している。

写真 99　二酸化炭素泉（炭酸泉）などで知られる有馬温泉（兵庫県神戸市）の炭酸泉源広場。二酸化炭素をはじめ、ラドン、硫化水素といったガス成分は、循環ろ過すると空中に飛んでしまう

湯を清潔に保つためには、入浴する人が浴槽にできるだけ汚れを持ち込まないことだ。入浴前に十分なかけ湯をして、しっかり体を洗う、タオルは浴槽につけないなどはマナーの基本。

「戦前の銭湯の温度は極めて高く、かけ湯をして湯温に体を慣らさなくては入浴できなかった。これは、体を洗ってから入浴することにつながっていた」と甘露寺さんは説明した。

コラム

造成温泉も地球からの贈りもの

地中から噴出する蒸気ガスに地下水を加えて造る温泉（造成温泉）に対して、「（循環ろ過同様に）本物の温泉ではない」との主張もあるが、いかがなものだろうか（写真100）。

石川理夫・日本温泉地域学会長は「温泉資源地帯から噴き出る蒸気ガスは豊かな温泉成分の濃縮エキス。地球の恵みを、ありがたくいただいているわけで、謙虚さに欠けているのでは」と語る。

写真100　箱根温泉・湯ノ花沢（神奈川県箱根町）での蒸気ガスを利用した温泉造成

さらに、「入浴に適した絶妙な温度で湧き出てくるケースは、むしろ少ない。（こうした見方は）自然への想像力や愛情が少し不足しているように思える」と訴えている。

神奈川県温泉地学研究所によると、箱根温泉の全湯量の約4分の1が蒸気造成温泉で、全施設の6割以上で使われている。温泉資源の保護を見据えて、工夫しつつ上手に利用するのが筋だろう。

2　安全入浴の心得

寒い季節は注意

食事に癒やしと楽しみの多い温泉行だが、ひとたび事故が起きれば、それも暗転する。特に寒い季節は危険と隣り合わせで、注意が必要だ。

事故は、湯の温度、湯そのものの圧力（静水圧）、湯あたりなどの影響を受け、意識障害や心筋梗塞、脳梗塞、脳出血などの疾患を引き起こすことで生じる。浴槽内なら溺死、浴槽の外では転倒事故にもつながる。入浴で発症した疾患そのものに伴う病死も侮れない。

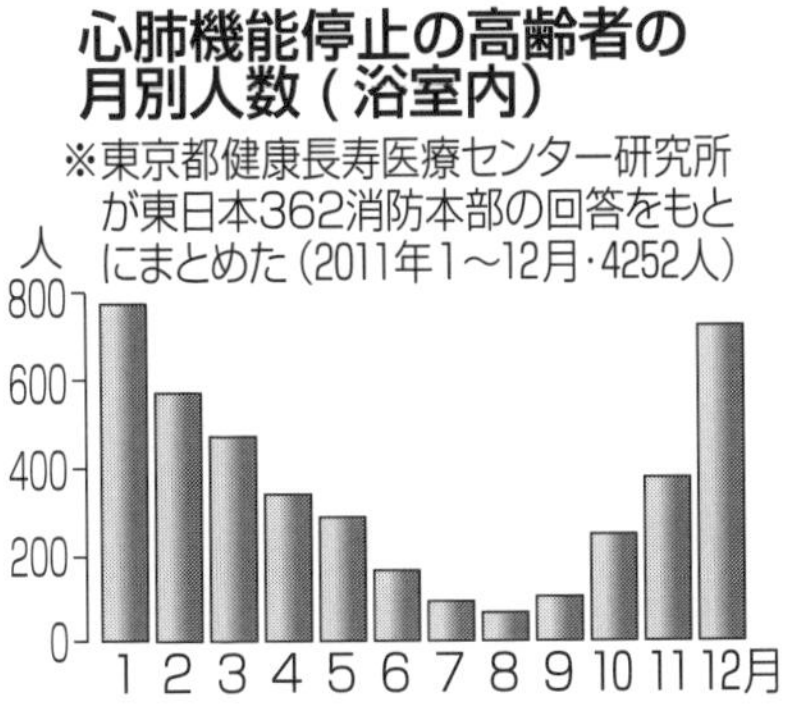

図 21　入浴中の心肺機能停止者数

東京都健康長寿医療センター研究所の推計では、入浴中の死亡者数は年間約１万７０００人（２０１１年）。２０１６年の交通事故死者の４倍を超える。厚生労働省や都などの報告を併せて見ても、事故は高齢者に圧倒的に多く、その大半が寒い冬場に発生している（図21）。

高温浴を避け、十分な水分補給を

42度以上の入浴を高温浴というが、血圧、心拍数、エネルギー消費量など体に強い影響があるため、注意が必要だ。発汗で血液の粘性が高まり、血栓（血の塊）ができやすくもなる。さらに高温浴は、できてしまった血栓を溶かす防衛機能も低下させ、心筋梗塞や脳梗塞を招く危険性を秘める。水分補給は入浴に伴う事故防止のポイントで、ことに高齢者は、湯温やのどの渇きに対する知覚が低下しているために心掛けを。

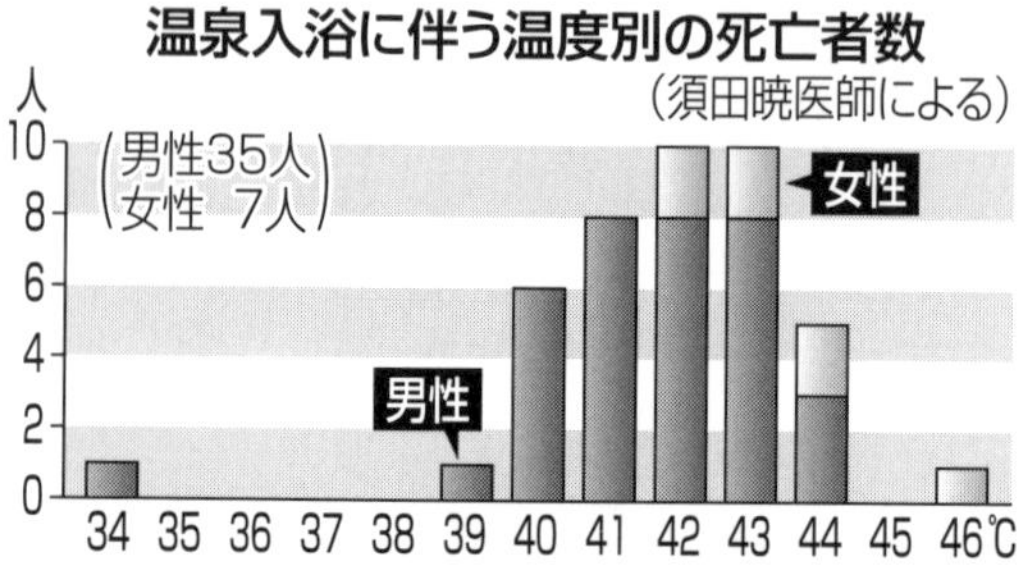

図22　温泉入浴に伴う温度別の死亡者数

「酒飲んだら入るな」を守りたい

家庭の風呂などの調査で、高温浴のリスク（危険性）が高いことはよく知られているが、温泉入浴に絞った統計はほとんどないと思われる。こうした中で、図22は上山《かみのやま》温泉（山形県上山市）の開業医・須田暁さん（整形外科）による「温泉入浴死亡事故と泉温」を調べた貴重なデータ。温泉入浴でも、高温浴のリスクが高いことがはっきりうかがえる。特に、亡くなった42人のうち34人（8割）が飲酒後の入浴だった。温泉に酒は付きものだが、「飲んだら入るな」

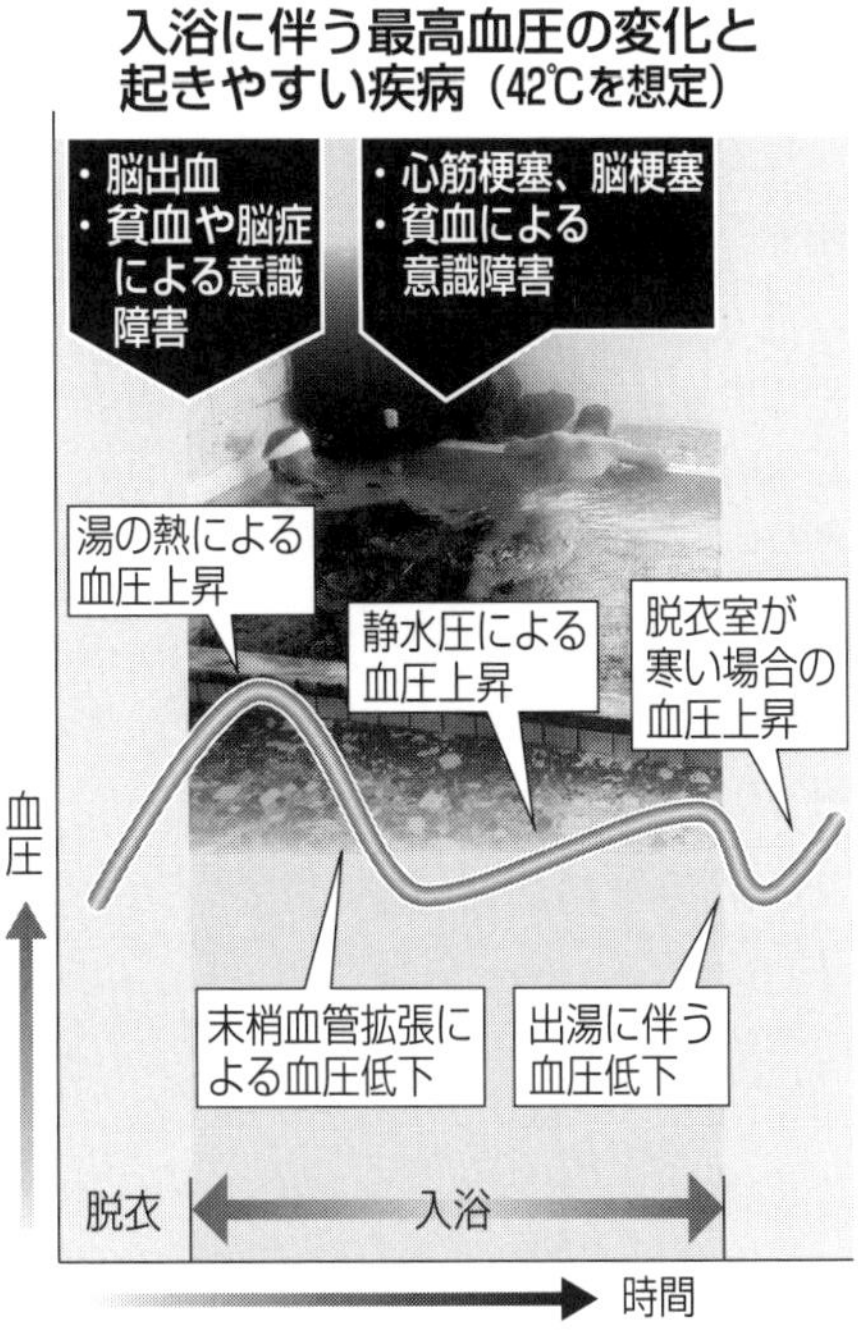

図23　入浴に伴う最高血圧の変化と起きやすい疾患

を守りたい。

入浴による事故死は、身体の清潔を目的にしたシャワー中心の欧米では極めて少ない。一方、日本では、湯船にどっぷりつかり、十分に体を温めるという特有の形態が、入浴中の急死や急病の原因になる。ことに血圧と血流の変化が大きく関与している。

冬場の高温浴（４２度）を想定し、時間軸に添った血圧の変化に伴って起きやすい症状や疾患を模式的に描いてみた（図23）。

「安全入浴のポイント」

寒い脱衣室で衣服を脱ぐとブルっとする。寒冷刺激によって末梢神経が収縮して血圧が上がる。熱い湯に入ると交感神経が興奮、さらに血圧は上昇。脳出血を起こしかねない。急に温まった皮膚への血流量が増えることから、脳貧血によって意識障害を起こすこともある。

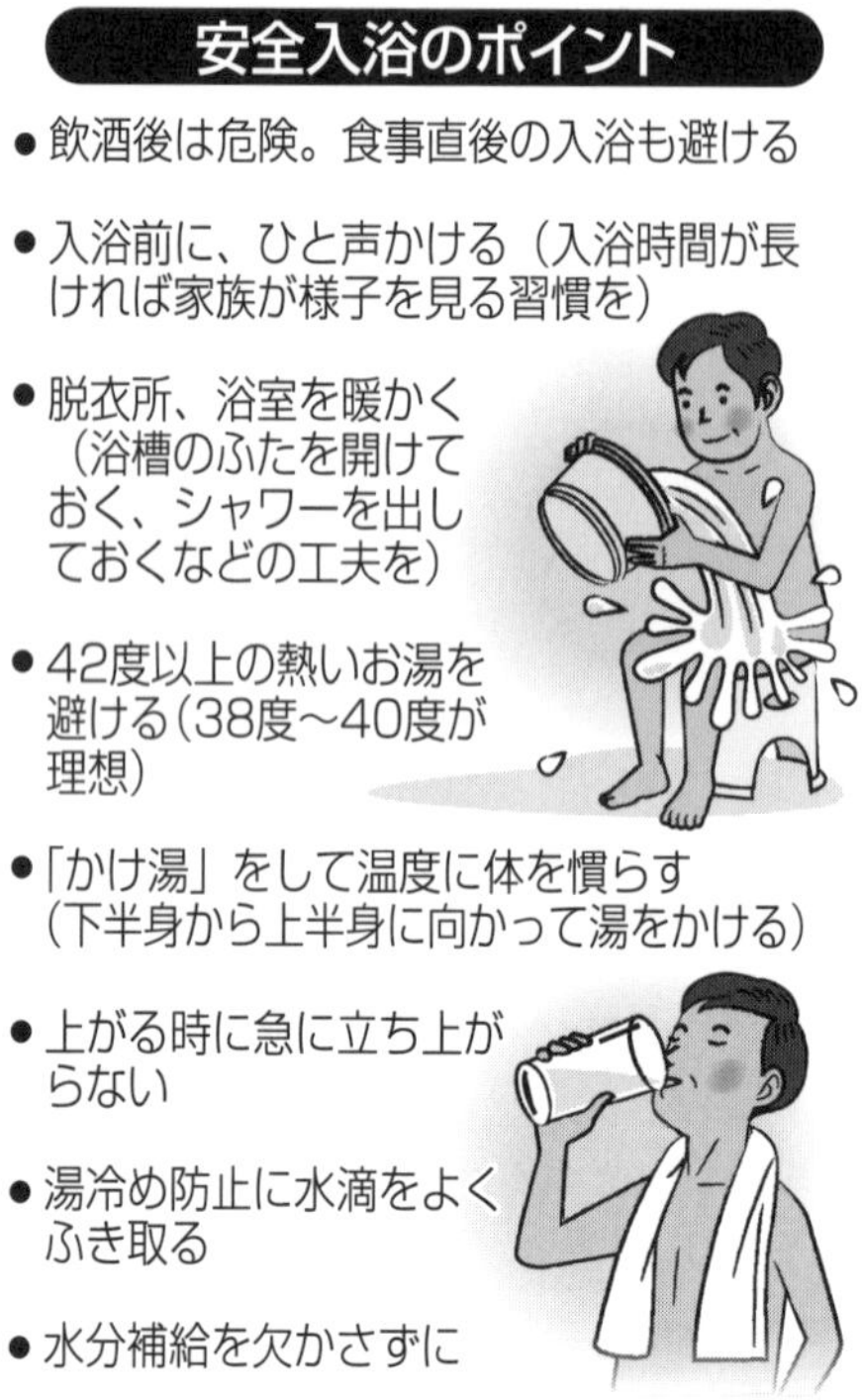
安全入浴のポイント
●飲酒後は危険。食事直後の入浴も避ける
●入浴前に、ひと声かける（入浴時間が長ければ家族が様子を見る習慣を）
●脱衣所、浴室を暖かく（浴槽のふたを開けておく、シャワーを出しておくなどの工夫を）
●42度以上の熱いお湯を避ける（38度～40度が理想）
●「かけ湯」をして温度に体を慣らす（下半身から上半身に向かって湯をかける）
●上がる時に急に立ち上がらない
●湯冷め防止に水滴をよくふき取る
●水分補給を欠かさずに

図24　安全入浴のポイント

しばらくして体が温まると、末梢神経が拡張して血圧が下がる。血液の流れは緩やかになって、血の塊が詰まりやすい状態が生じ、心筋梗塞、脳梗塞の恐れが出てくる。脳への血流量減少、貧血による意識障害によって溺死することもある。

やがて、静水圧によって筋肉や内臓の血管が押されて収縮し、血圧は再び上昇する。血液循環が促進、横隔膜が押し上げられ心臓を圧迫する。阿岸祐幸・北海道大名誉教授（温泉健康保養地医学）は、「健康な人は過度に神経質になる必要はないが、体力が弱っていたり、心臓疾患などの持病がある場合は、深い風呂にドップリとつかることは避けてほしい」とアドバイスする。

風呂から出ようと立ち上がると、入浴中に掛かっていた静水圧が急になくなり、脳への血流循環量が減って脳貧血を招く恐れがある。一気に立ち上がると、フラフラとして転倒事故に結び付きかねない。脱衣所が寒いと、血圧は再度上昇する。

入浴時間は、個々人の年齢や体力、持病の有無、温度の好みや習慣、さらに入浴時の気分や疲れ具合によって異なり、一定の基準は引きにくい。温泉の場合は、刺激的か緩和的かの泉質も影響する。阿岸さんによると、額がほんのり汗ばんで、心地いい満足感が得られることが、一つの目安だ。「(熱い湯に)首までしっかりつかって、もうちょっと…。あと100まで数えなさい」。幼い頃に親に言われたであろう、このような入浴法は禁忌である。

図24に「安全入浴のポイント」をまとめた。「あれもいけない、これもいけない」と無粋なことを言い立てるつもりはないが、安全入浴を心がけ、温泉を満喫していただきたい。

コラム　「雪降る露天風呂」、特に注意を

雪見風呂などと称して雪降る露天風呂を楽しむ人もいるだろうが、寒い季節の露天入浴は、体への負担が大きく危険性が高い。図25は、20代の健康な男性の血圧と心拍数の変化で、久保田一雄・群馬温泉医学研究所長（温泉医学、血液学）らのグループが、草津温泉（群馬県草津町）の露天風呂で調べたものだ。

20度の室内で服を脱ぎ、気温零度の雪降る戸外に飛び出した途端、最高血圧、最低血圧ともに急上昇した。最初の危険ポイントだ(図の★印)。続いて44度の露天風呂(相当な高温)に入っ

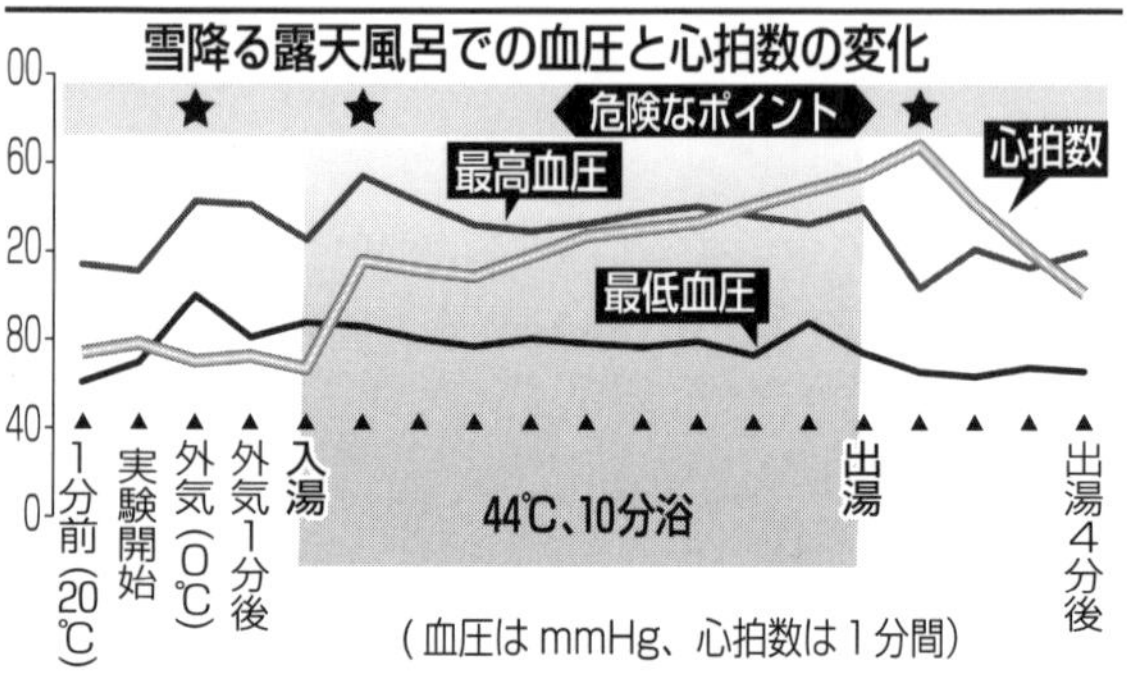

図25　雪降る露天風呂での血圧と心拍数の変化

たところ、最高血圧、心拍数ともに急激に上がり、第2の危険ポイントを示した。10分間の入浴中は、心拍数が徐々に増加した。ところが、湯を出た際に最高血圧が急激に低下し（静水圧からの解放）、第3の危険ポイントを迎えた。

久保田さんは「実験は、事故が起こらずに終了したが、このような入浴は危険な愚行であることを知っておいてほしい」と訴えている。

おわりに

温泉への本格的な取材を始めて、ちょうど20年を迎えた。医学・医療・健康問題が専門であるため、こうした観点からのアプローチが中心で、国内の温泉地や欧州各地の温泉健康保養地を訪ね歩いてきた。だが本著では、これらに加えて文化、歴史・伝説、信仰など、幅広い面から追究することを試みた。

勤務先である信濃毎日新聞の「くらし面」に、「温泉のヒミツ」として掲載したシリーズ（2014年10月～2016年12月）をまとめ直したものである。

今回も、取材はルポに徹した。温泉「水」と温泉「地」の肌触りを直接確かめるために、できる限り現地に足を運んだ。また、多くの研究者や温泉地の皆様にお会いして、臨場感あふれる話を聞かせていただいた。

温泉現場の映像（写真）にもこだわった。結果として、本著には表紙を含め117枚の写真を収録したが、ご提供いただいた2枚を除いて、著者が直接シャッターを切ったものである。ただ、トリミングなどは、信濃毎日新聞の宮坂雅紀・写真記者の指導を仰いだ。デスクは文化部の阿部貴徳記者に担当を願った。

裸になって、ゆったりと湯に漬かる習慣と文化を持っているのは、「日本人ぐらい」と述べても過言ではないだろう。シャワー文化の欧米とは異なり、湯そのものを楽しむことは素晴らしいと思う。

温泉は、地球からの恵み、贈り物だ。温泉入浴に加えて、健康づくりにも活用したい。それぞれの温泉地が持っている自然風土、文化も堪能したい。本著が、その「よすが」となれば幸いである。

取材を通じてお世話になった阿岸祐幸・北海道大学名誉教授、中央温泉研究所の甘露寺泰雄専務理事・滝沢英夫研究員、日本温泉気候物理医学会の久保田一雄理事・前田真治理事、日本温泉地域学会の石川理夫会長・徳永昭行理事・西村りえ理事・谷口清和監事はじめ多くの皆様に心から御礼を申し上げる。

なお、掲載させていただいた方々の所属・肩書は、原則として新聞掲載当時のものとした。

本著の出版を引き受けてくださった水野寛さんは、著者が1987年に出版した『老化を探る』(紀伊國屋書店)の編集担当者である。30年という変わらぬご厚情と友情に、改めて深謝申し上げる。

2017年1月　白く輝く北アルプスを仰ぎつつ

飯島　裕一

著　者：飯島裕一（いいじま・ゆういち）

信濃毎日新聞編集委員。日本科学技術ジャーナリスト会議理事。1948 年長野県上田市生まれ。北海道大学水産学部卒業。信濃毎日新聞社入社後、報道部、整理部、文化部などを経て、1994 年から現職。専門は、医学・医療・健康問題。

著書・編著書に『認知症を知る』（講談社現代新書）、『健康不安社会を生きる』『疲労とつきあう』（岩波新書）、『温泉で健康になる』（岩波アクティブ新書）、『脳小宇宙への旅』（紀伊國屋書店）など。

新聞協会賞（2010 年度）の「笑顔のままで　認知症・長寿社会」、同（1999 年度）の「介護のあした」、科学ジャーナリスト賞（2007 年）の「20 年目の対話　チェルノブイリ原発事故」などの取材班メンバー。「若月賞」受賞（2011 年）。

温泉の秘密

2017 年 2 月 28 日　第 1 刷発行

発行所　㈱海鳴社　http://www.kaimeisha.com/
〒 101-0065　東京都千代田区西神田２－４－６
E メール：kaimei@d8.dion.ne.jp
Tel.：03-3262-1967　Fax：03-3234-3643

発 行 人：辻　信行
組　　版：海 鳴 社
印刷・製本：㈱シナノ

出版社コード：1097
ISBN 978-4-87525-331-0